陈虎平 / 著

打破自我的标签

电子工业出版社
Publishing House of Electronics Industry
北京·BEIJING

目录 Contents

前　言 / 001

引　子　一个青年人的奋斗：意象杂陈 / 001

第一章　自我成长与行为积累 / 013

　　　　打破自我的标签 / 014

　　　　误把顽固当理性 / 023

　　　　深度练习与行为积累 / 025

　　　　时间积累 / 030

　　　　优秀的行为条件 / 038

　　　　价值观是组织行为的程序 / 050

第二章　家族积累 / 059

　　　　拖延与贫困 / 060

　　　　　　拖延：行为与心理 / 060

　　　　　　贫困：物质与观念 / 065

　　　　普通子弟不要做学问 / 070

　　　　家族积累与人生设计 / 073

　　　　十台阶论：人生的爬坡历程 / 078

第三章　社会情感的驱动 / 083

　　　　弱关系对青年人的重要意义 / 084

动力、方向、技术 / 095

　　　　动力 / 097

　　　　方向 / 103

　　　　技术 / 112

　　选择需要社会化的情感 / 124

　　扛住黑暗的闸门 / 130

　　人间何处不相逢 / 138

第四章　中国大时代 / 147

　　时代如飓风　潮流已转变 / 148

　　修身齐家　从业兴城　报国行天下 / 155

　　　　修身齐家 / 161

　　　　从业兴城 / 168

　　　　报国行天下 / 178

第五章　多层演化论 / 189

　　多层演化的分析思路 / 190

　　多层还原与层层编程：以认知和社会认识为例 / 193

　　科学与人类的演化认知模式 / 200

　　多个学科的基本模式 / 208

第六章　科学自我观 / 217

　　自闭光谱与天才 / 218

　　　　伟大的例证 / 219

　　　　怎么判断谁是这样的人？ / 226

　　　　自闭光谱人群的演化理由与分布状态 / 227

自闭光谱的人制造新的理想世界 / 230

　　自闭光谱的人如何理解两性和社会关系：抽象化的技术 / 231

　　人际与社会抽象理论的应用限制 / 234

　　典型基因与非典型基因的生存手册 / 238

神经兴奋控制论：怎样改变日常行为和心理倾向 / 241

运动对神经兴奋的受控式氧气剥夺 / 246

文学的自我和精神的自我 / 253

演化的自我 / 268

　　个体 / 272

　　认知 / 279

　　自我 / 287

前 言
Preface

　　本书从演化论的角度看人生和自我,是关于人生奋斗的理论分析。我喜欢思考,有时想得太多,必须要倒出来。写文章一开始是为了整理自己的想法,表达自己;后来得到一些鼓励,于是决定集合成书,找到更多的读者和同类。本书写给自己,也写给想要改变自己、改变人生的有志青年,尤其是出身平凡但努力向上的年轻人。书里的思想也许在每天、每周、每月的日常行为中没什么作用,但人每隔一段时间都会面对重要的选择,希望这时它们有用。我们都要先接受家族和生活的现状,包括财富、地位、知识、行为模式、思维格局,与之和解,然后从这里出发,一个一个台阶向上。也许现状不算理想,但我们不逃避、不否认,而要在此基础上努力前进,而努力从不辜负,成长总能开掘。全书先谈人生观,从自我,到家族、到社会、到国家与时代,再谈科学方法指导下的自我观。

　　在人生观中,我从行为积累谈好的人生如何一步步实现。好的人生,不能把自我定型,而要不断成长("打破自我的标签",引号内为文章篇名关键词,下同),不能只靠主观精神和个人意志,也要借助非个人的平台

("误把顽固当理性"），不能急躁冒进或者悲观失望，而要逐步积累（"深度练习与行为积累"），唯有把自我的价值与家族、社会、时代联系起来，才能走出小我，与更广阔的人间对接。一个好的人生，一定是多层设计的结果，其中一些设计来自你的基因、你的家庭，还有一些设计则来自群体、社会、城市、国家、时代这些非个人力量的因素。在分析时，我采用假说演绎和概念实证的方法。首先假设，伟大设计所需要的工作量是恒定的，任何人要到达它，都要从零开始，需要同样多的时间积累（"时间积累"）、行为积累，接着用这些命题来分析人生。例如，个人技能都是从不会到会不断练习的结果。天分相等的情况下，每个人都要用一样多的时间、一样多的努力，达到一样的结果。别人花了时间，得到了；你花了时间，也能得到。同理，优秀的人也是在各个方面不断积累的结果，没有谁是偶然成功的，你要是做了那些努力，也能得到那些成绩（"优秀的行为条件"）。客观的价值观应该是，你得到你应得的，你得不到你不应得的。努力够了，就能得到；得不到，那是努力得还不够。一切都是时间的函数，一切都是努力的函数，一切都是成长的函数（"价值观是组织行为的程序"）。

  家族成就也如是。每个家族都是从零开始，一代又一代积累，这才有了二代、三代耀眼的存在（"家族积累与人生设计"）。如果你的上一代积累太少，就要从你开始最初的第一步。你要付出更多的努力、牺牲更多的娱乐，你首先要努力工作养活自己，不能追求太多精神层面的愉悦和享受（"普通子弟不要做学问"），然后再拾级而上，一步步提升自己的段位，从就业到创业、从个人和家族发展到行业贡献（"十台阶论"）。

  成长、努力、积累，并不只是一个人坐在那里读书写文章而已，而是在不同层次上的深度练习。一种努力方式用到一定程度，边际收益就递减了，

前言
— Preface —

必须转用新的方式,做新的练习。人生是深度练习的函数,这意味着每过5~7年,要超越自己以前的行为模式、思维格局、社会圈层。在个人努力的效果增量有限时,就要升级到家族积累,家族积累也不足时,就要升级到协调社会资源("弱关系"),然后继续向上到行业、社会、时代趋势。只靠自己,会有一些成果,但没有家族、组织、社会和时代的帮助,一个人很难超出其他人多少。大家都很聪明,都很勤奋,最终差距是被家族、社会资源、城市与国家发展空间、时代发展趋势拉开的。要把自己逐级放在特定的群体、社会和时代环境中,让伟大震撼你的心灵,让大爱感动你的灵魂,才有动力,找到贵人引领你,带你进入新的层次,找到升级的方向,然后用不断的练习来获得新领域所需要的行为和思维("动力、方向、技术")。这不仅是理性的选择,更是一种感性的选择,是对特定群体、社会、国家、民族的强烈的情感认同("选择需要社会化的情感")。事实上,由于高阶的未来的变量都不清楚,你无法用理性来计算,你只能让新层次的社会化情感来给你带路。

我们多数人都出身平凡,为生存而焦虑,为小康而欣喜;如果奋斗要从你这一代开始,不要怕,不要逃,你要担负自己的责任,无愧于自己、无愧于家人,每上一步,都是家族的新高度("扛住黑暗的闸门")。人生的价值不是你无法选择的出身,而是从出身到下一步走了多远。要用小我、中我、大我,以小范围的爱、中范围的爱、大范围的爱,一步步升级自己的行为和视野,与自己、家族、公司、行业、社会、国家、时代和谐相处("人间何处不相逢")。

在今天工业化和城市化的大时代,不能只靠自己的个人能力,刻苦读书而已,埋头做事而已,那样35岁到了50万~100万元的天花板就很难往上,

打破自我的标签

而要认识这个社会、感受时代脉搏,充分借助中国这个超级平台、这个21世纪最大的风口,切勿贪恋欧美的小草坪和自然风("时代如飓风,潮流已转变")。这需要爱、大爱、各种范围的爱,爱让我们勇敢选择,爱让我们愿意承担。有了对行业、社会、对国家的爱,有了这些社会化的情感,我们才不是仅仅擅长理性计算的精致的利己主义者,才不会成为游离于社会之外的精神的孤魂野鬼,而能践行现代中国人的新理想,感受到充沛能量、浩然之气、赤子之心("修身齐家,从业兴城,报国行天下")。

在分析人生时必须要用科学的思维方法,而不能只是诉诸个人有限的感悟。多层演化的分析方法是我在多年求知的过程中学到的最有趣、最有威力的思维模式。演化论的核心是微小优势的连续多层积累,一个好的设计是由无数小的好设计一层层积累而成;上一层受下一层的作用者控制,符合因果关系;同层的行动单元之间有时还存在相互作用的正反馈,最终结果收敛,而不会陷入完全的混乱,否则不会在演化上保存下来。例如,人类的认知、计算机程序就是如此("多层还原与层层编程")。演化论由达尔文提出,最初被用来分析生物个体的性状,后来新达尔文主义者用它分析动物和人类行为,演化心理学把这种分析推广到认知和心理模块("科学与人类的演化认知模式"),社会心理学和演化博弈论更用它来研究人类群体和社会。我强烈建议各位学习演化论,真的受益奇大!此外,多学科的思考模式对于有效思考也非常必要,芒格和西蒙多次强调多学科多模式思维的作用。人生有各种各样各个层次的问题,需要不断解决,因此需要不同层面的知识。我努力学习了统计概率和演化论多个学科的基本常识("多个学科的基本模式")。

前言
Preface

借用认知科学和行为遗传学的知识，我分析了人的天生性格和思维倾向，重点讨论自闭症光谱的行为和心理，这对你了解自我也许有用，特别是习惯于系统推理而非情感共振的聪明人（"自闭光谱与天才"）。我还讨论了聪明人如何管理自己的神经兴奋（"神经兴奋控制论"、"运动对神经兴奋的受控式氧气剥夺"）。最后，我分析了自我概念。与夸大个性的"文学的自我"不同，与不断取非任一固定性格的"精神的自我"也不同，"演化的自我"追溯自我的多层演化史，完成了自我分析的最后一步。结论依然是，自我是多层演化设计的产物，你并不是你的自我的唯一作者，而是若干共同作者之一，你的基因、家庭、朋友、同事、工作环境、社会意识形态等，都从不同层面塑造了你的自我。

本书一些文章的思路来自我在课堂上的演讲，感谢我以前的 GRE 课堂的学员对这些演讲的反馈和鼓励！看到这些奋斗的青年，我觉得有一种责任，本书是这种责任的延续。感谢江曼姝帮我收集和整理了本书的初稿，并同我多次讨论，这些对本书的最终形成起了很大的作用。感谢一些同学试读本书初稿并提出建议，这些建议有助于调整全书结构。感谢王晓可帮助整理了"多层还原与层层编程"的演讲稿。书里的一些文章曾在网络发表，感谢所有点赞、评论、打赏的朋友和粉丝，没有你们的鼓励，我不会持续地写文章；写作是一项社会化的工作，在今天社交信息铺天盖地的时代，尤其如此。我希望本书的内容，尤其其中讨论人生的内容，对中国努力向上的青年人有益。如果你们觉得好，请告诉我，请告诉身边的兄弟姐妹、同学、朋友、同事。欢迎大家对本书提出反馈和建议，各位可通过我的实名微博与我联系（weibo.com/chenhuping）。本书有些文章的信息可能较为密集，你可以跳过去，先读你能读下去的部分，以后有机会再回头看。

用多层演化设计的框架分析人生和自我，写了这些文章。我也用多层演化的工程学思维分析了工业化和现代社会（见我将出版的另一本书《中国本位的工业社会观》（暂定名），与此书正好是姊妹篇）。回头一看，我很满足。在书里，我也写了我的挫折、我的痛苦，我希望与如我一样的青年人交流。我并不孤单，你们也不孤单。

陈虎平

2015 年 6 月 9 日于北京

引 子
—Introduction—
一个青年人的奋斗：意象杂陈

2011年5月20日：

1. 2001年夏天我来到新东方的讲台，为了备课经常去听其他有经验的老师上课。自己的课当时上得不算太好；不是因为自己不懂，而是自己不知道怎么教别人懂。运动员会跑步，但他们不一定知道如何教别人跑步。所以我去听课学习技能。有一天晚上，下了雨，从听课的水清教室出来，路上很多地方都有水。找的士，但是没有。一下雨，的士就消失了。很多同学骑着自行车，街上很湿滑，飘一些雨，偶尔有车开过，灯光把一切刺得分明。

2. 1998年，一个人来到北京的新东方学校参加GRE培训。听了很多课，还有俞敏洪的演讲，才知道这个世界上有些人是这样活着，为了自己的梦想活着。在那时，美国，于我是多么遥远的所在。学习的时候住在北大我朋友的寝室里。也才知道北大的学生上自习室是要排队的，7点多就排一串，暑假都是如此。于是我也日日夜夜学习。什么是学习？每天从早到晚就是学习。记得自己中午经常不能回住的地方，就到农园食堂后面买半个西瓜，跑到未名湖边上，一边啃西瓜一边看单词，或者看着湖水发呆。永远记得自己也曾经站在教室外的IC电话亭里，打一些奇怪的电话，说不了几句话，

引 子
—— 一个青年人的奋斗：意象杂陈 ——

但内心是温暖而感激的。那是唯一的心理调剂。

除了学习，哪里也没去。没去任何景点，只是去了一些书店。

回到自己的大学，已经是8月下旬，同学们还没有回来多少。于是就开始上自习去了。坐在教四的阶梯教室，没有多少人，但是，看书，看书，看书。有人问我，在北京学GRE怎么样啊？我就说，很好，好极了，从来没有这么好过。一股子的力气全能用在正确的地方。找到这件事，好不容易，好不容易。教四的教室外墙都是爬山虎，绿绿的。我觉得自己站立在地球上，再没有那么慌张。

3. 学GRE完全是偶然。住我楼上的化学系的一个朋友，跑到我住的宿舍，跟一个舍友聊天，说他要到北京学GRE。说没有伙伴，问我去不去。简直是发神经！学GRE干什么？他说：去美国。——去美国干什么？他说：不去美国也行，学GRE可以提高英语水平啊！——是吗？他催促说：你去不去？去学吧！我看着他，我完全没有主意：这看来是上进的事，但我好像完全不知道做这个是为了什么。同时在聊天的还有一位沉静的大眼睛的师妹。我看到她沉静的眼神。我的情绪忽然镇定下来：好吧，我去学。

4. 但我没有钱。报名要650元，来回北京又需要几百元，要在北京呆50天，生活费也没有。怎么办？

最蠢也最自然的办法是回家找老爸要。他说他没有。我说我要去读书。他深受不能读书之苦，小学时候是学校学习成绩最好的学生之一，结果是地主后代，忽然就不让读书，他的小学校长流着泪，把流着泪的他送回家。现在，他的儿子要读书，他没有钱，他能接受吗？

最蠢也最自然的办法是借钱。老爸说，舅舅那里也许有一点钱。于是我跑到舅舅家去，他还没起床。我于是坐在床边跟他说，我需要2000元，去北京学英语，算我借你的。他说，可以，但还是让你的爸爸写一个借条吧。

最蠢也最自然的办法为什么能够奏效？为什么不是让我这样一个家庭贫困的子弟，暑假到哪个地方打工，贴补家用，而是居然放任我花钱到外地学习？

我的爷爷是地主，年轻的时候立马万言。我的外公是民国一省政府的幕僚，从我小时就用鱼和甜的食物诱惑我读书。读书大概是家族的偏执症。什么钱都可以省，读书的钱不能省。

于是我拿到了 2000 块，北上读书。

5. 2000 年的时候，我在自己的大学里开全校性质的义务英语培训。听我课的一些朋友，也去新东方上课。有一个女孩跟我说，你教得比新东方老师好些。我说真的吗？于是我就递了一份求职材料到北京新东方。4 个月毫无音讯。我想，这太邪门了。我已经翻译过一本学术英文书，GRE 语文考 690 分，而且已经在本地教 GRE 阅读 1 年多，为什么不给我面试的机会？是不是他们把我的材料弄丢了。于是我又递了同一份材料给北京新东方。几天之后，他们说，让我马上去面试。到了北京，当时的国外部主任告诉我，老俞刚好卸任，这几个月招聘暂时停止了。面试通过了，然后试讲班，然后暑假开始上课。上得不太好，上大班的课经验匮乏。于是我开始猛烈地学习新知识。

6. 没有什么比为了理想而奋斗结果在最后一刻被人为打毁更令人痛苦的事。我在研究生阶段还是决定跟我尊敬的邓晓芒老师多学几年，于是就到了 2002 年才开始申请。我没有意识到 2001 年的事件对美国人心智的巨大影响，居然让他们可以收紧签证政策。拿到 JHU 录取通知书的时候我正在西安的一个网吧里，高兴地走出去，买了好多饮料喝。全奖，专业排名

引　子
—— 一个青年人的奋斗：意象杂陈 ——

第三，但是出不去。那时非典刚刚过去，我刚狂热地写完了我的科学方法论的40~50万的文字。但是这当头一棒，令我情何以堪！我实在太难受了，我打电话给很多人，分担我的痛苦。我的老师说，命运是偶然的，它捉弄一下，它没什么，但你就受到巨大影响，但你不能被这个偶然的命运玩弄。我想，我正在被命运玩弄。我写了一封伤感的长信给在大学就一直鼓动我们到美国学习分析哲学的一位哈佛大学经济学博士，他当时正在华盛顿，马上打越洋电话给我。后来我到他的家里和他聊天，他很不忍，但是他也没办法。

我的一位师弟问我，这个事情对你的影响大吗？我说，也许要过几年再看。

I must fight, over again.

7. 我犯过很多错误。人在探索自己的生活道路时，犯错是难免的。一个像我这样没有太多指引和信息的年轻人，犯的错就更多了。但我希望对抗命运。我似乎对美国的态度愤怒了——我选择了一个错误的愤怒对象。虽然JHU的秘书希望我再次申请，但是第二年我没有再申请美国。我申请了德国和中国香港。也许是深受一些经济分析文章的影响，我后来决定去香港这个拥有与国际接轨的法律体系，商业文化发达的地方接受熏陶。我反复地问自己，要不要继续走学术之路。但是不需要问，在香港的三年，我几乎住在图书馆，每天读书。我心里想，我只要一个好的图书馆就够了。但是，我错了。为什么呢？顽固的人往往不了解人际网络的重要性。我是后来才知道，一个好的同学群体，是学术擦出火花的主要因素之一。只有一个好的图书馆是不够的。你可以日日夜夜读书，但你也需要几个人跟你一起讨论，有些时候你还需要最前沿的青年教授来引导你，你还要经常发

表一些文章。这些条件对于学术成功缺一不可。而我，只是读书，读一流学者的书。但是，无论如何，从学术成长的角度来看，我当时是有点自暴自弃了。我只是自己读书。

后来我的一位年轻朋友对我说，要是你当时申请哈佛，你也许就不会被拒签了，哈佛据说会保证它的学生不会如此。我没有申请过哈佛，当时他们那里的几个学者的研究思路我不太喜欢。我是应该尝试的，失败的概率虽然大极了，但任何一个哪怕很小的保障都能帮助你对抗命运的戏弄，我错了。她后来申请了哈佛。

什么是错误？没有为自己的目标找到稳妥和有效的解决方案，这就是错误。

8. 2002年，我经常写一些伤感的分析文字。写了好几年，汇集成了一个文本文件。我不想回头看那时的文字。那时我不太理解现代工商业社会需要人做多少行为和心智习惯的调整。当我读了演化心理学，知道人的天性喜欢大地、芳草、小溪、山冈多于现代陌生人聚居的钢筋水泥的城市，我才意识到，我还没有有意识地约束和限制自己的天性，用后天的人类文化来重新塑造自己的大脑。我的修养不够。什么是修养？修养是无数文化因子在你的头脑里的聚集。自己的大脑所暴露的环境不够现代化，则自己的行为和意识一定不适应大都市，不理解人类文明的奇迹。我开始在研究学问之余找空闲时间读英美的工商业和政治历史，读城市化和全球化的书籍。对我冲击最大的就是Thomas Friedman的 *The World is Flat*，那时我才知道原来中国和印度是这样在接纳全球化。我对接单和外贸工业有了很多兴趣，于是到深圳找朋友去问，到惠州、番禺等地去实地考察。我也经常有事无事跑到中环去感受气氛，想香港是如何变成了这样、资本主义的分工

引 子
— 一个青年人的奋斗：意象杂陈 —

体系为什么这么伟大。我逐渐意识到了自己生理的、心理的很多与工商业社会脱节的地方。我又开始了自我改造。后来我也看到 Jane Jacob 的《城市与国家财富》，很感触。城市是人类贸易的结果，是农业的创始地。我在香港感受到了行为震撼，而从这本书我更深入地理解了城市是怎么回事。我应该很少有文人或左派青年对于城市的拒斥和不安的感觉。我强烈地认同权利保护体系下的分工网络，这是市场经济和人类自由的核心。

9. 最好玩的事情是，2007 年我接触到一些做投资的人的文章，讲的生活原则和生意原则，与我的价值观是如此地一致。生意和财富的原则居然就是诚实和信用，通过正确的努力在长期而不是在几个月内获得回报，而且要对商业文案和计划进行实证分析。看了这些优秀的深圳投资家推荐的书，有巴菲特（Warren Buffett）的书，写得好，还有芒格（Charlie Munger）。当时找不到芒格自己写的书，但从亚马逊上查到芒格推荐的书。居然有《自私的基因》(The Selfish Gene)，《第三种黑猩猩》(The Third Chimpanzee)，《教养的迷思》(The Nurture Assumption)！难道这和投资有关？他推荐的这些书我之前多数都读过。难不成我也已经无意之中培养出了投资需要的多学科的知识模式？衷心拜服之下，好似找到了新的人生榜样。于是我决心去参加他们主持的会议。I did it, by myself.

10. 从 2003 年开始，我就知道有一个人叫 Daniel Dennett，用演化理论来研究人的认知和文化问题。多年以来，我看了他所有的书，以及其他的生物演化论和心理学的书，建立了一整套以演化论来分析人的几乎一切方面的思想框架。这是巨大的挑战，但是很迷人。你怎么能拒绝迷人的思想呢？用演化论来分析我自己的行为、心智模式、文化养成、社会交往等，我感受到自己的精神力量，远远超过曾经的最好期待。

11. 跨越如此大的时空距离，对任何人都是巨大挑战。我的一个朋友说，人最重要的特质不是改变成了什么，而是能够承受多大改变。我想，改变如此之大、之剧烈，这是中国从农业社会向工商业社会变身给生活在其中的我们的一个难以避免的结果。我的朋友也说，那些改变巨大的人，也许会比较痛苦，对快乐不会那么敏感了。我是承受过巨大改变的人，我希望我依然很快乐。

有位同学说："这周看了虎平老师的文字，觉得大学时代的他和现在相差好大，大学时代的他似乎显得有些颓废，有些黯淡，也有些虚幻，但是前两年的懵懂并没有让认识深刻的他迷失了方向，一个不经意的机会都能够让他脱胎换骨般地改变，从此改变了人生的质量。看上去就是从量到质的转变，可是期间的汗水和艰辛又是文字无法表达出来的。不敢去想，不敢去猜，不知道那是一个什么样的过程，身心的历练，不知道用什么样的方式可以排解不时的苦闷与彷徨。"其实是生活的问题在驱动自己，汗水和艰辛是回头叙述才有，当时只是问题本身的牵引，难度大得让自己只能全力以赴。

还有一位同学说："最后一天也找他签名了，非常谦虚的样子，签在我无印的大笔记本封面上，签完名还抬头将本子递给我。虎平老师家里有精神病的病史，他从本科到博士，都是学习哲学的。但他又不是形而上学的虚无主义。他学习科学哲学，学习经济学，学习生物学、遗传学、数学等硬科学，他研究家族的病史，用科学的方法了解自己、认识自己。"这是真的，虽然下文关于我的说法肯定是夸大了。这个同学的这些说法让我感动："离开万泉河的时候，我看着空荡荡的操场，说，再见万泉河101，再见老师，后会有期，再见北京，我一定会再回来的。"是的，我相信你会回归你的梦

引 子
— 一个青年人的奋斗：意象杂陈 —

想。当你考好这次考试，当你努力到了一个结果的时候，你会在思想上似乎回到最初的起点，在这个力量的发源地，找回你当年的冲动。不用真的回到万泉河或者水清，那里只是一个记录和象征。残雪用她迷人的意象说："最后你到了一个新的城镇，黄狗在街口庄严地守卫。"（《历程》）你会回到你自己开始的那种激动，从那里，在新的起点上，向新的自己出发。每个这样的时候，你都可以重新选择，获得事业、财富、快乐，或幸福。

12. 我看到如我一样的年轻同学们，在为了自己的理想拼命奋斗，我想我被他们感动着。我希望我曾在某些时候给他们一点点温暖，或甚至于感动。在心智上脱离身边的普通人，追求更优秀的自己，给家人、朋友和社区带来更多快乐、自由和安全，这是不容易的。道阻且长，请守望相助。

我感谢曾经写些文字提到我的同学和朋友们。我们都在努力超出现在的自我，在这个意义上，你就是另一个我。我们走在同一条奋斗之路上。在这条路上，有辛苦，有兴奋，有冲动，有疯狂，有百转千回，有望远天际；唯一没有的，就是自傲和浮夸。卡夫卡的《变形记》里的小白领，为了突破现有，敢于变成甲壳虫，以脆弱与敏感的新身，活着。脆弱的个体，伟大的勇气。残雪写下灵魂的城堡，将这一切不断取非当下自我的冲动，化成稳定的叙事，令我们想到如果数年自己都没有奋斗、没有进步，一定会痛哭。最大的责任是自己。建设好自己，就能带出你最想给的，给你想给的人。空想与哀怨，都是停留在伤感的过去，是萎缩的自我，是空洞的安慰。让我们不断取非当下的自我，向优秀的人聚集、靠拢，与他们一起奔跑，而未来，会有人跟随你奔跑。

2013年：

13. 2012年我终于离开书斋，5月前往长三角考察一个月，跑工厂、企业、乡镇，十分震撼，10~11月在美国研究工业化和城市化历史，深感人类都是相似的，中国正重演类似进程。2013年4~6月，我在上海和江浙地区继续考察和分析，并为家乡联系招商引资，回乡四天也有两天在开发区参观企业和园区。从2012年6月到2013年9月，我跑了上海、江阴、张家港、常熟、苏州、昆山、嘉兴、慈溪、宁波、乐清、温州、义乌、绍兴、杭州、深圳、江门、中山、广州、唐山、廊坊等20多座城市、40多个工业重镇；走过无数商铺林立的街道；访问30多家企业，包括家庭作坊、小厂、大厂、地方中型企业、国企、上市企业、科技企业；查阅企业和行业资料无数；进过摩托车厂、火电厂、纺织和化纤车间、机械加工车间，看过服装生产、电子组装、LED生产，等等。

这一年多来，才算接了地气，深感中国发展之快，远超经济学家和媒体记者说辞，绝非书斋里可想象。后知后觉如我，非亲眼目睹不愿相信。中国的工业化和城市化模式，政府官员和企业家是主要操盘手，白领是跟随者，知识分子和大学生多数都完全不懂，用观念和个人偏好扭曲事实，发泄情绪。我深感我待在书斋里的时间太长了、太多了，我在书本上了解社会，是远远不够的，也不能亲身感受到人们的爱与恨。

如果中国的大投资模式继续顺利运行，中国会在十年内完成工业化，成为世界罕见的高人口密度发达国家。关于中国，我们缺乏的可能是想象力。2003年，从武汉到北京的火车要12个小时。今天？5小时。从上海到武汉，要绕道徐州或鹰潭，起码15小时。今天？4小时。再有十年，大投资大发展，中西部工业化、城市化。2023年，我们会怎样？不要错过这伟大时刻，不要做旁观者。时代如飓风，人生太短暂。Don't be a spectator. Be a part of it!

引 子
— 一个青年人的奋斗：意象杂陈 —

2015年：

14. 2012年以前，我主要还是强调自我、强调思考。这几年的读书和经历，让我更明白行动和社会的重要性。以前我很相信，不要跟别人比，要跟自己过去比，不断取非，就有精彩人生。但是，很小的进步或好几年才进步也可能被认为是可接受的。这种想法还是太自我，太把自己的过去当回事。要跟别人比，跟同辈比。要依靠顺人性的动力：地位竞争。比赛输了，就憋着、忍着。别玻璃心，别辩解。老是跟自己过去比，进步是太慢了，而且，你的过去这个基准就那么重要？别把过去的偏好和品味太当回事。跟别人比，才知道他们进步得真快。别人就是比你有知识、有钱或有社会资源。外部刺激比内心反省更猛、更直接，伤害了你的骄傲。你真心要战斗！这跟独立人格没关系，人就是要点情绪来推动自己。

以前我很相信，要用思想改变人的观念，即使他们现在不接受，将来会；即使他们感性的部分不接受，理性那部分如被挖掘也会接受。后来我发现，别人通常不会被你改变，现在与将来都不会，理性也不一定胜过感性，我自己也要看到、听到、用了、做了，才能改变。思想不能改变人，产品可以。不必劝人做，自己做就是了，找到跟你一样的人一起做就是了。重要的问题不是思考、辩论、评价，而是自己做了什么。大机会是人尝试、执行、探索出来的。坐而论道、空口评论，无论对错，如果没有下注，都没什么意思。

这不是普通的问题，而可能是现有科学和理论本身的局限。过去我在思考时，会以因果关系为主，因为因果推理是思考的主要结构。它针对已发生的事，反思已有证据，用线性因果的形式来表达，大原因大结果，小原因小结果，不会出现小原因大结果。但是，社会比现有科学复杂。市场、社会运动，尤其是现在的互联网，众多的作用者会相互反馈，超越了古典的因果关系，相关、趋势、风、幂律，变成主导。你都来不及思考，新秩序已形成。行动甚于思考，跟随趋势甚于追问原因，行动起来试错、跟随潮流前进，才是社会适应策略。

不仅社会是这样，生活也许也是如此。很多事情理论还没弄清楚，在你有生之年也许也难以弄清楚。一个人如果仅仅按照科学和数据证实的知识和理论来生活，将会寸步难行。等有了恋爱科学你才谈，最好的青春都过去了，有时一辈子都过去了。要边做边学，边行动边思考。大家觉得显而易见的事不需要那么多数据。等数据收集到手，最佳的决策时间已经过去几年了。生活跟学问不同，学问的确要多问为什么，了解已发生的，再创造还没发生的，但生活不能总等到理论完备才开始。在懂血液循环之前人类凑合过了几万年，出过错，但能对付。不要害怕出错，事情总会出错。不能等到完美再出发。等到完美，人书俱老。先行动，在路上解决问题，在行动中面对内心的恐惧、犹豫和胆战心惊，在行动中面对不确定和不完美。我们从不完美，但热烈燃烧。要有冲动，要信任爱、信任人、信任人类的情感。社会化的情感让人感受到人间各处的爱。理性提高生活效率，但爱指引人生方向。

第一章
自我成长与行为积累

打破自我的标签

最近看了德韦克《看见成长的自己》，受到一些启发。这本书提出人有两种心智模式，僵固型心智（fixed mindset）和成长型心智（growth mindset）。僵固型的，就是认为我天生是这样的、我从来就这样、我不会是那样。成长型的，对我未来如何，保持开放态度，我可以做不同的自己。例如，滑雪，你可能从来不认为自己是滑雪的材料。这是固化的自我标签。但其实经过50~100个小时练习，花时间学习，你也可以学会。如果你认为自己其实可以学会，你花了时间，你就成长为一个会滑雪的人。又如，学车。有的人认为自己天生方位感不好，永远学不会开车。但其实很多被大家认为方位感不那么好的人，经过一段时间练习，也都学会了。天分有一些影响，但天分弱的人，只是需要多花一些时间，就能达到同样的结果。显然，成长与僵固的心智不仅限于行为，还可应用于思维模式，包括对自我的认同、对他人的判断。

行为进程与时间成本

这两个概念如果只停留在截然两分，意义不大。僵固的做法，完全可

第一章
—自我成长与行为积累—

以有别的解释。在你看来是理性的时间计算，在别人看来，就是僵固的心智模式、不愿尝试新事物，甚至固执。为什么？因为你们在不同的时间维度上。只要花100个小时学滑雪，你就可以学会。但你就是不去。这不一定是因为懒，而是你愿意把这些时间拿到别处去用，即使别处你并没有那么有效率。的确，尝试滑雪，让自己忽然进入费力区，产生了学习的冲动。这种突然的外部冲击，非常有益。你在同一个方向耕耘几年，然后会有停滞，学习的边际收益递减。新的行为也许让你忽然爆发新的感受，但你就是不去。别人可以认为你是不自信或性格固执，但你可能在考虑时间成本。

要解决这个问题，需要重新定义概念。我们把成长型和僵固型心智还原到一个可量度、可操作的进程上去。在原有领域不断前进、在学习的平台期切换到其他新领域获得新技能，这些都被认为是成长型心智；在原领域停滞不前、抵制进入新领域，则被认为是僵固型心智。对别人，因为要节约了解对方的时间，不再等待对方改变，于是给出标签化的判断；对自己，则永远觉得时间足够，还可以改变，总是觉得自己将来总会这样或那样，对自己是成长型心智。这种差异是因为每个个体都能守护自己的时间。如果对自己都说自己定型了，那是僵固型心智的经典版，但也可能是时间和成本约束下的理性选择。给自己打上特定的标签，有两个作用：（1）可以在这个方向上连续积累，建立自我认同；（2）不在其他方向上浪费时间。给别人打上特定的标签，也有两个作用：（1）确定对方的角色，在互动时以该种角色来对待；（2）不愿再等待别人的改变。这样，可以解决以下问题：（1）自己现在不行；（2）别人现在不行；（3）自己未来可以、但没有时间去做，因为在做着现在的这种人；（4）别人未来可以，但我没有时间等待别人改变。

德韦克区分成长型心智和僵固型心智，是为了解决一些明显可以改变、也应该改变的行为问题。比如，孩子的教育。他们必须学会一些技能，而不是过早给自己打上学渣标签。再如，企业家的心智状态，把一个企业的成功做法直接迁移到另一个企业，这样会导致挫折。又如，有天赋的体育明星对冠军的期待，造成比赛时情绪剧烈波动，发挥失常。这些问题只是一个行为进程在时间中积累这个总问题的子集。

一般的，对天生不太行的领域，例如，系统理性思考者（systemizer）于情感沟通时，或如易受环境影响、智商不够的人于知识学习，屡有挫折，就会给自己找借口来辩护，自我保护。这时，可以用成长心智帮助他们，找出一个行动进程：只要努力练习，情商或智商都能提高（的确如此）。对天生很行的领域，要冲击激烈竞争的顶峰时，需要用成长心智来辅助他们，面对失败。在面对与天生能力相关的领域时，知识的迁移有困难，这时也要求用成长心智，让自己先从山顶上下来，重新出发。它的作用就是这些。所以，成长心智这种心智软件，是爬山助手。相应地，僵固心智，则是对自己和别人的山坡位置的认识和固化，是爬山标记。这里最基本的假设是，给定足够长的时间，每个个体都可以成为想成为的任何人。差异的形成，是因为不同的人对自己和他人可负担的时间成本不同。

才华 vs 努力

一个冠军说："我只想让别人记住我是一个刻苦努力的人。"这非常重要。没有才华，没有关系。有才华，也不一定就带来成果。才华不是你的标签。你并不需要时刻肯定自己的才华。一个总希望获得肯定的人，其实是很虚弱的，往往有所欠缺，才需要找补。成功是不断成长，不是在某个短期目标中取得第一。社会、市场、城市在不断变化，没有人可以不努力

第一章
— 自我成长与行为积累 —

学习、取非自己过去的做法和观念而获得持久的领先位置。领先永远是暂时的，个人、公司、社会都必须不断成长。不要被精英吓倒。已有的精英的确是长时间家族积累的产物，但同时，如果他们现在不努力学习、继续成长，他们就可能被我们超越。我们是有希望、有可能通过自己的努力、团队的合作、社会的平台，超过这些现有精英的。

你之所以能够有一些成果，不是你的个人才华所导致的，而是因为你在不断进阶、不断学习新东西。你好几次在思想的曲折和绝望中，后来通过持续的、不信邪的努力，获得了突破。有人曾经告诉过你，说你天资聪颖，这是不对的；你其实就是努力；而努力并不是错，即使有才华也需要努力。努力获得的成果，并不比有才华获得的成果低劣。有才华，也不是骄傲于人的理由，这没什么了不起的。一切都是时间的回报，一切都是在社会平台的帮助下努力和训练的回报。换一个人经过类似的努力，也一样可以做得很好。他们有的人还没有这样去做，只是因为他们还没有找到引燃人生的线索。

可以认为，成绩 =f（天赋 + 平台 + 努力），一些人的天分在开始时的确比别人差一些，要通过更多的后天训练来弥补。因为家族积累不够，有的人的成长环境和平台的确会不太理想，将来还要经营社会关系。天赋无法改变，平台现在还没法营造，努力却是你现在就可以去做的。

用内在品质和天赋才能来贴标签，成功时还好，失败了就麻烦了，那暗示着其实自己很笨，这种归因会给自己带来巨大的情绪波动，将责任归因到外部对象，失去客观性。但把成绩作为努力的函数，就好了，成功了也不会骄傲，因为不过是长期努力的结果，失败了，也知道这其实是努力程度不够、训练时间不足、学习方法不对。一般的，才华的标签是质，努力的时间是量。用质来评价，很简单，很粗暴，评价很多，不关心人；用量来评估，则不一样，很细致，有可操作的空间。概念的量化很重要；只讲概念的区分、思想的发展是不够的，还要指出如何实际操作。概念的发展靠量化、靠函数展开、靠可分解的步骤。

为什么还有标签？

那为什么还有标签和天赋这样的观念呢？在人类的原始时代，这些概念毕竟给人们节约了大量的思考和行动成本，因此，即便它限制人的潜能，在精确性上出错，对自己也不一定公平，但却可以保证迅速做出决策，在行动速度上胜出。而且，即便今天，品质、天赋、聪明这样的标签，有时还是有用的，因为有时要快速做出决策，没有那么多时间来等待对方通过努力和训练追上当前的要求。

有些人给你快速打上标签，他们说你不会改，他们也不一定多坏，也许只是没有时间来等待你通过努力而获得的转变。标签是分手的前奏。人生最重要的陪伴，是用时间等待你的努力。没有时间来等待，他们对你没有信心，你也不必对自己的才华和天赋多有信心，但你要对自己的努力有信心。他们不愿再给你时间，但你要好好利用你生命里的时间。

概念标签是在自我的人生经历中塑造的。它可以应对相对稳定的人生环境，但在快速变化的时代，概念标签只能阻碍你成长。它给你定型，让你为了证明它而费尽心思。它在给你简便的同时，也让你自我封闭、裹足不前。不管在专业学习、职业发展，还是情感关系中，自我认同的性格标签，在现代社会，害处大于益处。

专业方面的概念标签是，我很有才华。因为在专业问题上的兴趣和好奇心重，我持续学习，在思想上的确收获颇丰。但我也意识到，这个过程

第一章
— 自我成长与行为积累 —

并不快乐，也不一定是因为我天生如此，而是不断努力、遇到平台期、兜兜转转、层层突破的结果。不要给自己打上标签说，我是有才华的，我比别人聪明。有人就是假定自己够聪明，就不去学习了，忘记了最重要的任务，其实需要持久的训练，却放纵自己思考别的问题，耽误了不少时间，还奢望最后能够在成绩上追上所有人。

才华是别人为了省力给你打上的标签，如果他们剥开来看，才华底下什么都没有，只有连续十年的艰苦思考。别人给你的评价，你也会配合，接受之，变成自我认同。这是社会化自我的演化过程。这样就危险了。有才华，就说明不需要多学习，知识也能自动发明、源源不断涌出。如果你停留在这里，不再思考、不再学习新知，你的能力也到此为止。不要让自己成为才华的仓库，而要成为学习机器。现代社会的知识层出不穷，指数级、非线性地涌现，如果不努力学习，就很容易落后。即使已经学了很多、学到了元认知框架，还是有很多具体知识自己不懂，说不定哪天就落后了。

职业方面的标签是，我就入这行，就做这个事了，我天生擅长这件事。会有天生擅长这回事，但并不一定你在这方面就最厉害。如果你不努力，那么有人即使天资较弱，但努力的时间比你多，到最后还是会超过你。到时你如何面对自己的天生擅长这个标签？

感情方面的标签是，我是坚强的，我能够处理感情问题。平常，你会以为感情不需要经常沟通、经营，这不能让你感受到感情关系的美好时刻，体会到与女性在一起的快乐。遇到问题时，也因为自我认同是自己很坚强，以为自己能承受，但这是错的。有问题要说出来，憋在心里，郁积太久，迟早还是会爆发，而且通常是在最不合适的时候。以为自己很狠心、很坚持原则，其实只是把感情关系简单化，粗暴处理。遇到严重挫折时，你怎么办呢？一方面是自己不被对方接受，很痛苦，另一方面，自己也不被自己接受，因为那么痛苦，不应该啊，我应该很坚强啊，所以装作可以承受。

现在，你意识到坚强的自己只是一个概念标签。它在你能应对的时候，给你良好的自我感觉。但是，当遇到你无法预料和接受的情况时，就让你觉得特别挫败，自我认同碎成渣。一旦这种情况出现，重新拾起勇气，需要经过很长时间。你甚至以任何人都不能决定你的幸福来为自己打气。何必打气呢？失败了，就失败了。的确未来会有好的相遇，但这并不能否认你现在真的失败了。失败了，知道自己不是那样优秀，哭了，知道自己并不坚强，面对人生的真相、面对自己的残缺，反而你会更坦然。我不要认为我很坚强，我并不一定很坚强。该哭的时候，就要哭，自己不能面对的，就要找人倾诉，一个人扛，没有用。敲碎标签的硬壳，你会发现你可以成长。成长的喜悦，胜过承认挫折的难堪。你只需要努力经历、训练、学习，让自己的情感沟通能力不断成长。

为什么以前会给自己贴上这种标签？一个原因是思维倾向和基于效率的选择。越是不善于处理人际关系和情感沟通，就越会试图对此形成简单概念、思维定势，以获得效率。因为深入研究，需要太多时间；我不擅长，因此也不愿花时间，于是简化这种关系，对人和自我都做出定型的描述，这样，在效率和准确度之间折中，我选择效率，牺牲准确度。另一个原因是简单的成长环境。在处理养成环境下的那些简单的、同质的情感关系和人际关系时，它很适应，它是你从小习得的平均情感定势。但踏入社会、进入陌生人交往的复杂城市生活中时，它就不适应了。就像基因自动编程和从小习得的小社会的平均思维模式不足以应对现代工业化大城市，同样，平均情感定势也不能面对异质人群交往的新环境、新形势。人需要不断面

第一章
— 自我成长与行为积累 —

对变化做出调整和改变。所以，不要说自己很坚强。要让情感沟通的能力变得丰富而富有层次、在变化面前有弹性、不断成长。不要做一个情感坚强的核桃壳，一敲就碎，而要成为不断成长的、情感沟通的发动机。

性格组合体

这个人是XXX的，这个说法本身暗示了个体的天生禀赋和后天设计是无法改变的。但其实不是，至少可以修饰、可以打很多补丁。在性格和行为模式这个层面，可改变的空间就更大。对于自我的固定认识，在稳定不变的社会关系下还是有用的；在快速变化和异质人群交流的环境下，在部分程度和在自己不想努力的方面，做出这种简化的属性认定，也是可以节约时间、增加效率的，但是，在一些自己愿意去改变的地方，尤其是情感沟通、公司管理、职业发展等方面，固定的自我认同和简化的性格标签，都是有害的。它的害处在于：（1）对自己暂时相对擅长的方面，反复用一些简单的事情去证明，证明了就很自大，没有更进一步，不去努力，因为有才华有能力，就意味着轻松可得，不必努力，而且，一旦失败和遇到挫折，就信心尽失，责怪外部环境。（2）对于自己暂时不擅长的方面，就自暴自弃，认为自己是天生愚笨，没有可能去改变，因此也不花时间去改变、去修饰、去重组性格、去升级思维模式。

没有情感共鸣能力的人，可以通过训练，掌握更多情感沟通能力，足够生活所需，并随着环境的不断变化，不断做出新的改变和调整。在性格和行为模式方面，人也可以不断改变和调整自己。人不是被基因诅咒的，也不会被养成环境诅咒；人可以通过成长的自我这种文化软件来修补和重组自己的行为模式。他可以从其他禀赋不同的人那里借鉴和习得新的行为模式。他可以把自己变成一个chimera——一个不同源行为程序的组合体。

打破自我的标签

【参考资料】

[1] 德韦克.《看见成长的自己》.

[2] Helen Li. 成长型心智：不完全使用手册：

http://www.helenysli.com/ch/2013/11/manual-in-progress-for-growth-mindset/.

[3] 阳志平心智工具箱（4）：执行意图：

http://www.yangzhiping.com/psy/implementation-intentions.html.

第一章
— 自我成长与行为积累 —

误把顽固当理性

很多人不顽固，容易受别人影响，对自己的判断没有那么看重，虽然没有大富大贵、学富五车，但在中国的大城市赶上了发展浪潮，生活越来越好。但有人很固执，非要凭自己的判断活着，又因为没人指点，自己摸索，犯错的时候多，结果很糟糕。十多年的城市化、工业化，一个都没赶上。

顽固不是理性，也不是感性。理性把人、事都当变量，把客观指标当目标，优化解决方案；感性是对人的情绪的共鸣，以人的情绪同步作目标。顽固或固执，则是对既有目标和情绪的坚持。与顽固相对的是改变，它对既有目标不确定，愿意变化。感性的人可能固执，理性的人也可能乐于改变。

顽固的主要原因是天生的性格。顽固的人思维集中，思想和行为高度集中，就是排除别人的影响，也打断自己的短期冲动的干扰，这些都来自神经回路的快速和反复调用，这是天生的。调用得快，思维、说话都很快，这样的人被认为是聪明的。聪明人往往固执，你说什么他/她都不爱听，说到心意，又很兴奋。

顽固的另一个原因是后天见得少、经历得少，用自己仅有的长处作为唯一的杠杆，企图撬动全世界。因为见得少，所以对自己的随意想法都看得很重，如不这样，以为就找不到自信了，把缺乏知识的自大当成自信，把狂妄当勇气，把鲁莽当魄力。大城市的封闭小社区、小城镇、农村长大的人，往往如此。

固执本身没什么不好，问题在于组合。顽固＋贵人指引＝好结果，脑子比一般人快，想得集中，认定的就学，不认定的不理，遇到贵人，认同了，成绩惊人。但，顽固＋自己摸索＝一再失败。生活、职业、赚钱等方面没有遇到贵人指点，只能随性，就是按天生思维、从小的行为去做，不撞南墙不回头，误把顽固当理性。

改变的人，脑子不算快，但能生活，平凡，也不乏欢乐。遇到好时代，还能水涨船高，跟上社会平均水平，有贵人引路就更上一层楼。改变＋贵人指引或平台正确＝中上结果，改变＋无人指引自己摸索＝平凡生活。而顽固＋贵人指引或平台正确＝巨大成果；顽固＋无人指引自己摸索＝一错再错，他的生活你不忍心去想。

第一章
— 自我成长与行为积累 —

深度练习与行为积累

  有人认为自己擅长思考，不善执行，但其实有一半人都这样。实践领域需要行为积累，而不只是理论。滑雪，50 小时入门，500 小时晋级；开车，一周入门，2000 公里进阶；健身要 2 个月；了解异性要好几年；当好领导，要十几年乃至数十年历练。只要练习、只有练习，才能学会。读再多理论书、在边上看再久，都不行。

  有时你也害怕再上新雪道，有时你也不想加大运动量，有时你也不想再跟高冷的女人接触，有时你也不想还去面对难以取悦的新上级或同级。你只有逼自己去做。要提高行为能力，没有其他路可走。行为积累有时就是主动求虐；新目标、新人物，你觉得不爽，其实只是个人主观臆断，实际是自己缺乏应对技能。每一次新的、有难度的练习，都不是重复以前的能力，而是培养新的行为，不是在一味重复，而是深度练习。

  打破既有的心理适应和自我舒适，胆战心惊地继续更高难度的练习。不要说谁天生就会，不要羡慕别人做得多好、收益多高；你唯一的关注是，你是否有意挑战新高度来训练自己，积累更多技能，有更多心理、情绪和行为控制来应对更多局面。只有每隔一阵就突破既有行为水平，你才能爬上更高的行为平台。

　　行为积累的基础是神经回路反应的强化。行为会在神经回路层次上体现出来，新的行为对应新的神经回路，没有它，无法发动一个新的行为进程。神经回路需要练习，才能强化神经元之间的连接，增强神经冲动传递的髓鞘，髓鞘越强，则神经元传递的保真度和速度就越高，神经回路的反应速度大致对应行为的反应速度。开始搭建回路时传输慢，反复之后速度加快，反复强度足够高以后速度极快。一切练习，最终都是要把开始的慢速行为，变成不太需要思考的中速行为，最后变成下意识反应的快速行为，甚至是自动行为。

　　骑车、开车，都是从不熟悉到熟练，从熟练到下意识。外部行为如此，人的思维能力也是如此。做题，都是从不会做，到慢慢会做，到快速做，到心算就能做。情感同步沟通的能力，也是从开始磕磕绊绊、战战兢兢、小心翼翼，多次练习之后达到应对自如、得体、大气的地步。情感同步的技能，与跳舞同步的技能，在练习进程上没有两样。会谈恋爱，是深度练习的结果。女孩子小时候就爱跟洋娃娃说话，青春期看各种情感小说、感情剧，还经常讨论，经过了很多练习，甚至练习了10000个小时，到了恋爱季节才变得善于迅速把握人的心思。男孩子从小玩刀枪火车，青春期打架拆机器，到了恋爱季节怎么办？女生的心理比男生成熟得早，也是后天不断练习的结果。

　　绝不能以为，你会的，都是自己努力；别人会的，都是天生就会、运气来了，或善于伪装。别人健身就是有基础？他们在你大吃大喝时挥汗如雨。别人会销售就是会讨好？他们在与陌生人几小时内建立信任上花费多

第一章
— 自我成长与行为积累 —

年苦功。别人官当得大就是会钻营？他们放低小我，收起个人性情，为各方满意，多年刻意练习。

一个复杂的行为和思维能力，是多层练习的结果，是多层行为积累的结果。它不是浅尝辄止，做了大家都会做的普通练习就结束了，而是超出这些，做更多练习。超出自己已经习惯的状态，在成年以后更加困难，因为神经可塑性可能降低，也因为你身处的工作和生活环境可能过于稳定，以至于无法提供新的刺激。

新的行为模式要超出以前的神经回路自动反应所支撑的习惯，形成新的神经回路反应，造成新的习惯。从旧习惯到新习惯，从老心态到新心态，不是自己凭空想几天就能完成，而是要在新场合新层次的反复练习才可以。人在成年以后依然需要心智和思维成长，儿童与青春期时培养和练习的技能通常只能处理家庭和熟人环境，无法应对复杂的陌生人社会环境。新环境，需要新技能、新思维。这就需要在新的方向、新的角度、新的层次练习。

不是说以前的没用了，它们在一定范围内依然有用，非常有用；只是在更大的范围内、更高的层次上，它们会失效。单一技能不能跨层次迁移。越是复杂的技能，需要练习的层次就越多。别人看起来毫不费力的人际交往技能，都是反复练习的结果，他们也不是天生就会。你经过同样程度的练习，也可以达到他们那样的水平。就像滑雪，开始是在初级雪道，以后要到中级，将来要到高级，开始是正常雪道，以后要到自然雪道。人际交往的能力也是如此。开始是与父母亲人交流，然后是与同龄小朋友玩耍，然后是与同学一起上学、做作业、玩游戏、在群内竞争（例如在分数、身高、美貌方面竞争）、在群体间对抗中合作（团结起来打败其他班的同学），然后是进入工作场所与同事协作，用理性计算的方法对待工作环境中将要频繁或短期接触的陌生人，然后是在基本没有接触或很少接触的大城市陌生人环境中交朋友、找组织，最后一步相当于滑野雪。事情越来越复杂，也越来越超出成年前基因和教养给我们自动装配的人际交往能力。新的思维角度和行为技能，需要我们在成年后继续成长。

多层的深度练习，在一个方向上积累，就能收获伟大的果实。你在每一个新的层次练习，相对于其他没有做过这种练习的人就有了一点优势。许多这样的优势积累在你身上，你就获得了超出普通人的成绩。如果你没有超出平均水平，那也只是说明你做的只是普通练习，普通的量、普通的时长、普通的层次，不是因为你笨，不是因为别人天生就会，而是因为你没有像别人那样练习。只有不断练习，积累小的优势，才能达到不普通的高度。

微小优势的连续积累是达尔文演化理论的精髓。绝没有一蹴而就的成功，暴发纯属运气，捷径都是陷阱，一切都会回归平均。逐步升级、分层累积，才有伟大的果实。冯仑《理想丰满》一书的连续正向积累，与此同义。爬山路上，匀速前进，只要连续在正确的方向上努力，不知不觉就会到达高处，成就神奇的事。相反，那些一开始就用猛力、快速往上冲的人，往往低估了山的难度，用尽了力气，还只到山中腰，反而没劲继续下去。不要低估山的难度，企图一蹴而就。也不要高估山的难度，认为一定爬不上去。慢慢爬，一个一个台阶上，每过一个平台，补充能量，就能爬上去。

连续的正向积累，过段时间就上一个台阶，这不等于重复。重复不是积累。每天10小时坐在教室里，但脑子不动，不算学习；完成某天目标，只花7小时，其他时间就可以休息。要效果导向，而不是时间导向。达到一个小目标，通常要5~7小时紧张的脑力活动。而原地连续绕圈不是逐层积累：看似努力，但无效果——谨防心智偷懒。心智偷懒是最容易迷惑人

第一章
— 自我成长与行为积累 —

的，你也花了时间，别人也都看到你在花时间，但没有进步，这时不要欺骗自己，你要知道自己是在重复，没有试验新的练习方法、没有真的动脑筋，如果你自欺，认为自己其实很努力，别人无法进入你大脑里面，别人是看不出来的，也无法帮助你。重复的时间，是无效时间。

时间积累

理想是有代价的

人们常说理想。理想是很宝贵的。尤其是当人们意识到自己的主要时间还是拿去赚钱以后,理想就尤其宝贵。这个意思是说,理想是昂贵的。理想是有成本的,而且成本很高,一般人负担不起。你有创业的理想吗?有。你知道创业成功需要什么吗?不知道。当你开始创业时,你会慢慢知道创业失败需要什么。避免这些失败的因素,你成功的概率也许大很多。查理·芒格说:"我希望我知道我在哪里会死,这样我可以决不去那儿"(Charlie Munger, "I wish I knew where I was going to die, and then I'd never go there.")。

创业的主要失败要素是穷。没有财富的积累,创业是很容易失败的。开始没有收入流的初创企业,很容易就撑不下去。大学生创业的失败几率应该是很高的,几个月之内可能就偃旗息鼓,因为要吃饭。即使那些参加工作若干年且收入不错的人,创业失败的几率也不会低。他们往往有带来收入的工作,还要自己做点别的自己真正有热情的事。但是,没有钱就不能专注于做自己最擅长同时回报又最大的事。积累原始资本的时间,确实

第一章
—— 自我成长与行为积累 ——

很累人,而且主要是重复,但又不得不做。如果父母和家庭能够支持,直接投入钱来让你做事,那当然最好,你可以把主要的精力拿来做你想做的事,成功的概率大一点。但是,现在,你只能一步步来。你先要自己通过别的工作来积累原始资本,然后才能从事自己最愿意投入的工作。然后才期望有可能做成自己要做的事。想想从哈佛辍学的马克·扎克伯格,还有比尔·盖茨,他们能够自己单独出来做一些事,因为他们有很多资源。扎克伯格在10岁时(1995年左右)就有了自己的电脑,他的父母是牙医和心理医生。盖茨的父亲是律师,母亲是很多公司的董事,外公是银行家。不是每个人都能进入哈佛的,更不用说承担辍学的后果。但是,他们可以。

与此相关的第二个失败因素是多线作战,无法专注。多数创业者为自己的生存所迫,还需要做些别的工作。你们为此而痛苦,十分痛苦。做成一件事一开始似乎只需要一个条件:专注。但是,要能专注,就是要1天10小时只做一件事。为此,你必须已经有稳定的收入或者资金投入,你不需要为自己的生存而担忧。但多数人做不到;尤其是有家有口以后,人的行为就会更为谨慎。

人们理想中的爱人,都是很理想的。但是,理想与空想不同:空想没有成本,理想却是有成本的。为了赢得理想的爱,女人需要打扮自己,这需要时间,要学习如何打扮,学会了以后还需要买衣服和化妆品,这需要钱,而赚钱,你需要时间;为了赢得理想的爱,男人需要很有想法和知识,未来才能为自己的家庭提供稳定的收入。而想法和知识,不是聪明就能想到的,也需要时间。无论男人还是女人,都需要修养,没有修养很容易受到诱惑。修养从哪里来?要读书。读书需要时间,读好书还要去好学校,有好同学在一起讨论,你努力才能考上好学校,你优秀你身边的人才会优秀。你努力，就意味着时间，你每天都要学习。你能够安心学习，你就不能整天去打工，打工是要时间的。你不去打工，意味着你的家庭能够支持你。如果你的家庭不能支持你，你要学得很好很深入就很难。你需要学习很多东西，不只是教科书和考试要求的东西。而即使你做到了这些，还有运气的因素。理想的爱情是许多条件聚合在一起迸发出的璀璨火花。多数人的爱情是现实的，对，现实的，因为理想的爱情负担不起。即便负担得起，还有一个概率问题。

除了读书，你还要见世面，多走多看。走到哪里，看到哪里。你不能只是常回家看看，你得到发达的城市去看，到一流的场合去看，这需要钱。赚钱需要时间。人们常说，时间就是金钱。我告诉你，金钱就是时间。金钱就是你的父母、你的祖祖辈辈为你积累的时间。你没有钱是吗？用自己的时间来换。看到别人香车宝马，你在这里日夜工作，你还不能埋怨，埋怨改变不了任何事。这不是政府的错，这不是学校的错，这不是专业的错。"这是我的错！这是我的错！"这也不是你的错，社会选择是这样的。这是社会的真相，这是人生的真相。你怨不得任何人，包括你自己。与你自己和解，与你的家庭在精神上和解。这个社会公平的地方在于，谁用了那么多时间，谁就积累那么多财富，得到那么多东西。这些时间可以由你的父母和祖辈来贡献，集中在你身上，你分享了他们的生命。对此，你除了感激，只能感激。如果他们没有为你积累，你就自己从头积累。

从时间成本的维度去看知识、修养、历练，你会发现理想的爱情需要如此多的时间来达成，如果你毫无支援，那么其代价也许大到你难以承受。你自己独自积累了那么多的知识和修养，也见了世面，也越来越美丽或有魅力或者成熟，这时你已经多大了？你也许是在你变得优秀的时候，已经

第一章
— 自我成长与行为积累 —

是年近而立,家人在催促,时间不等人,女人尤其焦急。基因如此压迫,你突然就选择了一个人,你的理想终于在一瞬间沦落为现实。

时间积累是恒定的

你想要创业成功吗?多数人想到的是要有一个好的点子。好的点子从哪里来?聪明。世界上的那么多人那么聪明,为什么他们没有去创业?高估自己的聪明是不好的。"人一定不要愚弄自己,而最容易愚弄的对象就是自己"(Richard Feynman, "The first principle is that you must not fool yourself – and you are the easiest person to fool.")。他们朝九晚五,没有时间去思考创业的点子。他们回家就休息。他们还经常变肥,因为他们压力大,他们吃饭不规律,他们为了情感的宣泄,跑到大排档,喝酒,喝酒,喝酒。你每个月收入7000元,刚够维持生活,什么时候去想好的点子?

创业是闲人的事。大学生有闲,但创业艰难,不过可以创创,反正也没什么可失去的。创业还需要资源、信息。不处在公司的中高层位置上,怎么有资源?在前些年,如果英文不熟练,怎么有好的信息?学好英文能够到熟练的程度,或者爬到公司的中高层位置,都是要时间的。那时,已经是30岁了。然后,守住这个位置又要几年,然后小打小闹做些创业的事。但还是不专注,时间顾不过来。为什么不专注呢?因为离不开自己的工作,因为要从中获得收入,因为自己的父母和祖辈没有给自己积累那么多收入。或者,偶然做成了一些企业,后来卖掉了。为什么只能卖掉?不一定是能力不足,经验不够。要有时间才能把企业做大,而这个需要好几年都没有收入。谁来支持呢?风投。风险资本进得越早,拿走的股权就越多。于是慢慢就卖掉了。多数的创业,卖掉是最好的结局,否则只能煎熬。熬多久呢?结果如何呢?结果可能还是卖掉(你也许很难想到,2006年,校内网以

200万美元被千橡收购。不同的,扎克伯格到今天还保留着Facebook 25%左右的股权。其他因素不变,没有一个好的风投环境,初创企业很难在自己的掌控下走很远。）

成功是试错的结果,是在试错过程中无数小技能聚集于一身的产物;没有时间的累积,无法从错误中学习。犯一个错误要多久才能知道?一般人需要2~3个月。从错误中找出一条路来做成一件事,需要多少时间?要连续犯3~4个错误以后,你才能知道正确的道路。你的父母和亲戚朋友,如果见过世面,他们的语重心长和忠告对你很有用,你不用走弯路。是的,你不用走弯路。请比较:一个想创业的青年,他的父母是企业家或社会精英,告诉他管理企业的技能和理解社会的方法;一个想创业的青年,他的父母一直是种地的农民,告诉他,孩子,你要正直。是的,正直很重要。但记住,企业家父母也告诉孩子要正直。他们还告诉了孩子其他的东西。

似乎有一些不需要经过时间积累的成功。但是,不在时间中长期积累起来的金钱,所谓快钱,都会化为乌有。即便如此,为什么会有富不过三代的说法?是否因为均值回归?是不是富人的后代后来都是败家子?风水轮流转,到了时候穷人也翻身了?我的朋友,真相比这残酷多了!富人的后代也很优秀,他们做了很多事,他们把很多信息传播到更多的人,这些优势变成了社会的基本配置,这些优势就不再是优势。但凡是不具有这些特点的人都被淘汰。凡是有机会接触到这些信息的人才能生存。当然,多亏现代媒体和大学这样的传播知识的机构,更多普通子弟也能了解这些。于是,在现代社会,有时候一个穷出身的孩子也有机会打拼出来。但是,概率多大?少数的富人家庭出来的富人的绝对数,比多数穷人家庭里出来的富人的绝对数都要大很多。这说明什么?你的祖辈为你积的阴德,会直

第一章
— 自我成长与行为积累 —

接影响到你的成功概率。如果他们没有为你积累，你要为你自己积累，你要为你将来的子女积累。你除了拼命学习，拼命工作，拼命挣钱，指望有一点新的财富和创造，别无选择。

　　反思你的生活习惯和时间分配，想想你整天关注什么。也许多数时候，你还在为自己的情绪所困，困于自己的感受，对自己的小小感受特别在意。你成功的概率，很小，非常非常小。一个人是否成功，看他服务的大众有多少。能够为更多大众服务的人，一定仔细思考过了大众的需求，这需要理性，需要原则，需要分析方法。整天关注自己的小小感受，今天心情不好，事情不顺，感情不开心。你太关注这些，以为自己很细腻，对人生的体会很丰富。是的，这是在自己围墙之内的人生。你看了张爱玲自己也感伤，但是，张爱玲写出了自己，她如果不能控制自己的情绪绝对写不出自己的情绪。而你，以为你与她心有戚戚，然后很满足地听了"因为爱情"，很鄙视地鄙视了别人的爱情，洗洗睡了。明天，又是美好的一天。

　　能够妥善处理现代社会生活的人，祖辈和父母一定已经做了很多思考或者自己是拼命在思考。如果不是这样，那么，你从农村或小城镇到了大学和大城市，什么也不懂，不知道如何去找工作，不知道哪怕去找一个地方实习，因为到处都是陌生人，因为自己不会做，因为你的父母没有给你这样一条建议，因为他们也没有在大城市生活，因为他们也不知道如何在这里生活。然后你就待在寝室，玩着微信，想想高中暗恋的对象，上上课，考考试。很不幸，你没有尝试留学，因为你觉得出国与你无关，因为你不知道出国之后做什么，因为你的亲戚朋友和认识的人好像从来没有一个人出过国。更不幸的是，你连新东方的出国讲座都没有听过，你只是学大学规定的东西。由于没有很多信息，你衡量信息好坏的唯一标准是，身边多

打破自我的标签

数的人都在做什么。于是你跟着做，你害怕做错。的确，对一个信息匮乏的人，做与身边的人不同的事当然容易错。

由于大学毕业生太多找不到好工作，你于是考研了，然后找到了一份城市的白领工作，一个月的收入2000元，然后是3000元，然后是7000元，你很高兴；然后你结婚了，然后有了孩子，然后你的生命重心就转移到了孩子，为了奶粉、为了幼儿园，你开始送你的孩子去读各种周末班，你把希望寄托在他身上；而你，就是这样了，你再也没有时间实现自己的什么梦想。你想实现梦想，你现在的工作也许就要放弃，你的房贷怎么办，你的车贷怎么办，你的孩子怎么办？你被锁定了，你在走向小白领的道路上，一步都没有走错。能够待下来是很多城市新移民的梦想，这个梦想对在大城市从头做起的他们来说，是昂贵的，随着社会财富的积累，这个梦想只会越来越昂贵。如果他们不想这么快被锁定，就拼命工作，拼命赚钱，拼命还房贷，希望自己能够稳定下来，等到那个时候，他们的年纪是多大？

如果你的家庭没有给你提供，你还有社会。从社会了解知识和信息的主要方法是学习。学习吧！拼命地读优秀的商界精英、学界精英写的书，看他们做的演讲吧！他们的知识就是他们与你分享的时间。有了这些知识，你可以把他们经过无数时间之后提炼的技能和知识，作为你的时间积累的一部分。他们已有的生命帮助你积累时间。知识就是金钱，金钱就是时间。知识就是时间。按照陈虎平的"成功的时间恒定"公理，你要在一个方面取得成功，其他条件不变，你总是需要固定的时间。格拉德威尔在《异类》一书里说，10000个小时；冯仑说，"伟大是熬出来的"；王石做好万科，用了10多年（1984—1998年）。按照陈虎平的时间积累定律，你可以用自己的时间，你也可以用别人的时间。用别人的时间作为自己的积累，你就

第一章
— 自我成长与行为积累 —

需要阅读、阅读、阅读,学习、学习、学习。

最后的条件

俞敏洪来自盛产举人和院士的江苏,他考北大考三次,但他是北大毕业,他还留在北大教书。他的很多同学去了美国。他的知识和信息十分丰富。他热爱读书,他在拼命办学的时候还自学了很多关于营销、管理、社交、政治的知识。最重要的是,俞敏洪的儿子还有俞敏洪本人都是4岁才学会说话。乔布斯的生母是1950年代的研究生,他成长的家庭是正常工薪阶层。最重要的是,他在17岁这样的年龄就关心佛教;他的性格据说被认为是完美主义,甚至专制;他有时还会咆哮。我还有一个真相没有告诉你,我将不会告诉你这个真相了。

优秀的行为条件

（2012年12月30日）

追求优秀，需要行为习惯。如果还没有在多个目标之间选择好一个目标，则选择能力十分重要。如果一个目标已经被选择，则执行这个目标的情绪噪声管理比较重要。优秀的统计定义是偏离于平均值的好东西。平均值是随大流、目标跟随制，在实行目标方面只做温和的努力，达到身边多数人的水平即可。但优秀的异常值显然是尽量自己选择目标或者管理目标的实现进程，同时在执行时不以身边的人的认可为标准，而以最大可能的多数人的认可为标准，在未达到此状态之前，以自己的内心记分卡或虽然主观但却严格可验证的尺度为标准，即内心里有杆秤。某个东西是好的，这是一个价值判断，好通常相对于某个主观效用标准来说为好，所以，主观认定的好必须得到大众认可，一个主观偏好需要成为一个尽可能客观的偏好。好东西是要通过很多人的检验的，不能只是一个人自己主观觉得好就好。但应允许大众检验存在时间差，在没有得到大众认可之前，自己内心的记分卡的评价标准来自于非常规的、有秩序的直觉，以及对此的信念、兴趣

第一章
— 自我成长与行为积累 —

和激情。

在多个目标面前怎么选择？

目标很多，每个目标如果确定，都有特定的收益支付。收益在未来，是未来的事，当前只能用概率分布去推断。有的概率分布，通过观察已有的实例，是比较容易估计的。有的概率分布则不清楚，无法计算收益。而且，即使收益都可计算，如果自己选择接受收益最高的，无非就定义自己是这样一个人：在这个目标上，选择最大化某个效用。

但为什么我要满足某个效用呢？食色之类、生理需求，必须在某种程度上满足，不容思考；快乐、幸福等心理需求，有的不必思考，直接就去做，有的却被概念和价值观所阻碍，变得不确定了。例如，我可以这时感到幸福，也可以以后获得幸福，到底选在何时呢？效用于是也有了可选择的余地和空间。选择何时何地以何种程度满足何种效用，这不一定是一个可以计算收益的问题。我就是这样：我有生物性需求、有心理需求，还有受到伟大的价值观诱惑的精神需求，于是就这样选了。这个选择本身界定了我是一个什么样的人。

你能够算清楚选择的所有效用分布吗？不可能。人不可能掌握这么多信息。你能明白自己的所有效用满足的理由吗？不必要，也不可行，等到一切都明白，老矣。做不出选择，往往是因为想得失想太多。得失有时容易计算，有时很难。即便得失都可以计算，又如何计算目标函数本身？你可以计算特定目标带来多少效用，但对这些目标或效用的认定，允许它们在自己的生活中存在，这不一定是可计算的。人生目标的内容总有一些是由自己选定的。这时你只能相信它、对它有信念，认为这个目标可以给你带来满足、快乐或成就感。如果你不选定任何目标，在多个目标之间反复游移、犹豫，最后当然什么目标都达不到，同时也说明你对哪个目标也都不在意，没有深切的情感投入，对将这些目标作为你自己人生的一部分，没有深刻的情感认同。

选择是一种情感能力：我对此有强烈的想法，一直折磨着我，无法摆脱。这种情感，会促成持续的行动选择。没有这种情感、激情，就很难坚持。普通人的情感比较浅，很容易从一个目标转向另一个目标，每个目标的满足都不会太强烈和深入。他们的情感表达也因此会比较简单和平淡，如果有些情绪忽然变得很激烈，而平常又没有这种体验，表达方式就会变得粗俗。有些人是天生在某些目标上情感强烈的，这样做出选择就很容易，比如一些男人特别喜欢工程、机械之类，一些女人特别喜欢时尚、成为大众焦点之类。但更常见的情况是，人会面对两个冲突的目标。这时，多数人是通过其他人的出现来促成自己的情感变向的，少数人会主动自问，做出追随自己心愿的选择。要普通的恋人和平凡的感情生活，还是要一个点燃自己热情的未来目标？这两者不冲突当然好，你很幸运，但有时很确定会冲突，自己成为争夺的战场，这是人之常情。

这时，没有其他目标可以为任何一个选项辩护，因为问题的重点是，何以这个目标就是被我选择？这个选择的理由？理由的理由？要终止这个追问，只能靠强烈情感、胆大包天、直觉等深切认同、不必再为之辩护的东西，可称之为信念、激情、人生理想、价值观。选择的特点在于，它自己给自己提供一个支点，而最后的支点是自我选择的，你可以称它是理由，也可以说它是信念、元价值观、生命冲动、命运、内心的声音，等等。这个支点是没有其他理由来支撑的，它支撑它自己。它既不是别人做所以我也做，也不是为了X而做的，否则还要问X是为了什么。它就是我所选择的，

第一章
— 自我成长与行为积累 —

我就是要做它，完毕。

为了做它，有时就要把那些与之冲突的目标暂时放下。如果两者都要，就是摇摆，因为现在要分析的是不太兼容的目标。追求的目标不能兼容时，当然最痛苦，但拖着也是一种选择。每天的行动都是一个选择，这些选择的集合构成了那个我。我的责任即在于做出选择，我的选择决定了我是一个什么人。

用我，或者我选择，这个观念来组织、编织自己的各个行为，是有好处的，这让我们更加体会到生命的可贵和意义。正是因为有些事情，是自己可以选择的，才让我们更加热爱生命，而不是把自己当成由各种外部因素牵引的木偶。平心而论，自己不特别做选择，只是跟随大众行为，也可以过一辈子，但不是精彩的、特别珍视的一辈子，只是老婆孩子热炕头或者嫁鸡随鸡嫁狗随狗的一辈子。对自己可以选择、可以决定什么人生目标的意识越清晰，就越是能够强化主动选择权，为此就会更努力地分析和探索各种目标背后的原因和实现的条件，更多地管理造就自己的因素，开掘和满足更多的人生目标。

万一认定了的、情绪认同的目标选择了，但事后证明选错了，怎么办？那就改进或者重选。重要的问题最好不要出错，而一切都需要练习才能减少错误概率。所以，聪明的人，要尽早谈恋爱，这样犯错的机会较多，而代价较小。不断地选择和执行、投入激情、培养持久的兴趣，这是人生过得丰富和精彩所必需的。

人的目标集合是一个动态的系统。个人会选择一些效用、价值、目标，作为当前不再置疑的、认定的对象，直接执行之。这是人的正常行为状态。人不是永远在思考，自己要的这个 X，是不是可取的。思考也在时间中，因此是一种时间进程，是一种行动；如果只是思考，则就没有行动内容，其结果，X 也取得不了。于是，一个自我的行动选择集合里，总有一些是不必思考其理由、不再还原的选择型目标或被服务的目标，还有许多则是可以向深层目标和价值还原、从后者获得理由和依据的服务型目标。服务型目标需要理性、效率，而选择型目标则需要信念、激情、认同感、价值观。因此，一个人的目标集合，是理性行动和价值认同共同组成的，只有这样，才能构成一个既有思考、又有行动的开放系统。新的价值观出现以后，可以将过去的无需理由的目标变成必须要辩护的。但从来不存在所有事情都有确定的理由，服务于某个单独的、基础性的终极目标的情况。人总是可以有自由选择的。同时，也不存在所有事情都没有任何理由、一切都是我自己选择的情况；吃喝、喜怒哀乐的很多目标是无法选择、只能接受、而且极容易与身边人共振的，这些不是可选除的，而是必须纳入的。

　　推广来说，社会是多数人的理性行动和价值认同的目标集合。一个具体时空中的社会，必须要有共有的情感认同、无须多谈的规则、底线，它们本身在某个特定阶段不容在行动上挑战和推翻。当一些人将其中的价值观进行反思、调整、并宣传而得到逐步接受时，社会可以调整这些规则和底线。从前的社会，接受死刑，今天的文明，有些不能接受。从前的社会，女人只需要照顾孩子，不可参与社会事务，今天的文明，每个人都有权利参与社会事务。这些不断调整的文明底线和规则，在每个特定阶段都是社会的稳定剂，是社会不至于崩溃、可以有稳定的行动预期的基石。这就类似于，个人只有确定自己选择的目标，然后执行，才能有稳定的行动和自我预期，如果总是思考和质疑自己的目标，到最后思维混乱、行动混乱，时间进程无法延续，不能做成任何事。

第一章
— 自我成长与行为积累 —

人来到世间，并没有自带一套完整的固定目标集合，人不是为了实现任何先定的理想而存在的，无论它们是幸福、成就、还是为社会做贡献、为自己求生存。同样，社会也没有自带一套完整的固定的目标集合，所谓历史规律或者社会理想，无论效率、公平、传统、现代，只是我们现在临时决定的行动目标而已，它们不具有神圣性、自明性、基础性，只是为我们所用。个人和社会所拥有的，都只是一套斑驳的目标拼图，并以此接受甚或对抗自然选择。我们经常希望，个人更精彩地生活，社会更有效率地保护每个人的选择权，而即便这种价值观，也是经多数人的认同和接受才可鼓吹的，不可以以理性和权威之名来强制执行，虽然这样的社会和个体在自然选择中通常占据优势。

选定目标之后怎么执行？

（1）进程和可行性评估。

此目标有多少人完成，正态分布如何？如果是多数人在特定时间之内都完成不好的，那么自己做得比他们好，就是一个小概率事件。出错在所难免。没什么大不了的。然后一步步改进。改进的方法是目标分解与多层实现。一个大的目标，需要分解成多个子目标或者模块，然后一个一个地去实现，最后再组合起来调试。如果每个子目标都完成了，但合成的效果却不是所要的大目标，那就要再设计实现程序，解除程序 bug，或者优化程序。

（2）情绪低响应机制。

能够完成大目标的，都会自动排除情绪噪声的干扰。大目标通常要一个连续的长的进程才能完成，实行程序中的环节众多，层次也很复杂。要能做成，需要一个个环节去实施，实施的小结果，要到最后合成才看到成品，才有奖励。连续的多层进程是人的正常心智很难追踪的。所以，人们说，优秀是一种习惯，因为习惯可以将许多小进程直接内化成行动模块，不必完全重造。小时的学习习惯和工作习惯不好，情绪化，心思不定，难以集中注意力，要达成大目标，非常困难。人们也说，一个好汉三个帮，团队精神很重要，一个人做那么多事，有时是跟不下来的，而团队生产，对于完成大目标几乎是永远必要的。这是说，独自奋斗，很难成事。

普通人往往无法把握大目标和长进程，他们实施的是其中一个环节。整个生产环节或者实现流程，是由思考能力特别强的人来设计的。他们在工作中完成的是被指定的任务和工作环节，他们在生活中响应的是正在流行的和身边的人的情绪。普通人是很容易受外部事情影响，情绪来了，找人发泄，也就完了。他们想不了什么特别的事，他们的情绪总是跟身边的人同步，于是，其行为也如此，他们的收入、观念都是平均值。他们是平均人、普通人。

聪明人则会集中想一些事情，不容易受到外部干扰，或者干脆看不到外部信息输入。这中间有一些聪明人，集中想的内容，不一定是如何做事，而是对做事的忧虑、担心如果做不成别人怎么看自己、担心结果。做事的时候，别人对你的看法、你对结果的忧虑，都是噪声。做就是了，担心也没用。担心干什么？没有时间去担心。恋人怪你不关心她。这也没办法，有些事就是要足够集中精力。聪明人的情绪往往自我强化。如果担心的是做事伴随而来的情绪，就会强化，然后事情就做不了。这些人聪明，但缺乏做成事情的行为习惯，总是容易被情绪所干扰，他们在情绪的引线上想很多，就着某个情绪想，也不找人发泄，或者找人宣泄也说服不了自己，结果浪费了时间、做不了事情。这些情绪是表面的、肤浅的，日常生活中

第一章
— 自我成长与行为积累 —

到处可见的，它们不是深刻的直觉、认同的激情，后者是少见的、难得的。

特别能做事的人，往往不去想自己遇到的挫折，总是对自己很有信心，以至于在别人看来是狂妄自大；他们也往往不会在意或注意到自己的全神贯注的投入，会对身边人带来备受冷落的心理感受，他们总是自己在那里拼命做事，直到做成才会想到身边的人。这些人的大脑高度集中，对外部无关信息几乎一概排除；他们缺乏对身边的人的情感和心理需求的敏感和回应机制。甚至有一些做大事的人，对其他人不屑一顾，以自己的理想来笼罩他们，要求他们做出牺牲，以达到伟大目标。这种做法，在许多情况下，会造成最可怕的恶。对他人的情绪的回应，不能太多，太多自己就会跟随大众，最后自己的行为和执行就不够，无法完成普通人通常难以完成的目标。但也不能太少，完全不顾其他人的感受，最后也许会做出大恶，如希特勒，或身边人因被持续冷落而离开，如爱因斯坦。我们不是要讲中庸，而是要在两个目标上各自给予优化和满足：既能脱离别人给你的情绪影响，专心做事，但又能在每天的早晚或者做事的一个阶段性目标达成以后，关心身边人，这样才能让两条线都存在，只有一条事业线，有时难免太孤单，只有一条情感线，一生难免太平凡。

不是聪明人，跟对人和团队就行。是聪明人，要培养良好的行为习惯去执行；想问题想得集中、想得快，是好事，但如果对他人和自己情绪响应太多、思考太多，就会浪费时间，无法达到目标，不想、不在意，是比较好的，虽然看起来好像不近人情、对自己很凶狠。这种行为习惯来自于成长期间自己做过有挑战性的、困难的事情，这是学校环境和家庭教育也许能够提供的。聪明而又情绪管理能力强的人，往往是父母智商遗传和家庭教育较好共同作用的结果。他敢于担事，敢于承担后果和实行过程中的痛苦。而这种行为能力，有时在一些聪明人的知觉和行为习惯的边界之外。

一些聪明人依然很难做成事情的原因在于，大目标的执行过程存在行为和心理障碍。从小的成长经历，缺乏自己独当一面、独自承担的经验，对目标不能满足的过程中出现的挫折、曲折、偶尔的倒退、不确定、焦虑情绪，很少经历，不习惯，很畏惧，难以从心理上自我接纳。这些其实都没什么，都是正常的，但聪明人会就此想很多，甚至不去做事。如果先天不是不管他人情绪的人，或者从小没有这种训练的经验的人，就要自己在成年期培养，自己承担事情、面对自己的情绪。训练的重点是，选择目标去执行之，锻炼自己对他人情绪反应的低响应机制。社会交往的心理过程，就是一个好的途径。做推销、做谈判，都可以让人看到自己的心理反应，然后想办法去面对、管理它。

（3）内心评价尺度。

优秀者所追求的效用和价值，往往是大目标，与大众习惯和追随的当前琐碎目标不同。大目标是普通人无法自行想象、但未来会得到他们认可的目标。自己要完成大目标，不能全凭主观感受，那会成为单纯的幻觉和自我欺骗。现在实现不了，还在坚持，当然也是对自己的能力有幻觉，但是，未来做到怎样算实现了，这心里还是有杆秤的。这个就是内心的记分卡。目标一定是有清晰的工作描述，也就是可以放在眼前，让未来的自己和人们都能观察、验证的。

艺术家对自己的作品有深刻的、有组织和秩序的直觉，这种直觉不被当前的评论家接受，但后来却被看作伟大的突破，它突破了原有的知觉范围。企业家要创造一个产品，同样也会被媒体和专家不看好，因为这些人

第一章
― 自我成长与行为积累 ―

多数是把握现在的流行趋势的，困于当前的大众已经通过消费行为所表达的知觉中，却无法挖掘和引导大众的未被表达的、沉睡的知觉。新产品创造出来以后，大众的隐秘想法和模糊的愿望得到了公开的、客观的对象表达，于是得到拥护和支持。思想家和科学家的系统思考，重新创造一个观念框架，开始也会让在旧有的思考模式下想问题、做判断的人无法接受或理解，但也许随后就理解了。在这里，科学思考有自己特有的实证标准，一个思辨的命题一旦有经验性证据来证明，就能得到认可。

模仿同辈和榜样的行为，永远重要

不管是选择目标，还是执行已选目标，在目标的情感认同、情绪低响应的行为方面，来自同辈的行为影响都很有作用。身边的好友这样做了，你会自然而然跟着这样做。这就是为什么聪明人的好朋友即便脑子一般，做起事来也往往得心应手。见得多了，自然而然就会了：有了一个目标，然后执行，执行的时候出了岔子、心理不稳定，也没觉得什么大不了的，自己见过厉害的朋友也都这样，于是就安心睡大觉，第二天起来继续解决问题。

另外，人生榜样也有意义。看那些已经很优秀的人的作为和人生经历，你会觉得自己的那些不过是小儿科，为自己居然为某些情绪所困，深感羞耻，深感自己浪费了大脑去想这些，很不值。

所以，当你为事情所困，比较具体的解决方案是，找好友聊天、读一些杰出人物的传记、出去旅行、接受优秀人物的信息刺激。劝告他不要多想，这是没有用的。聪明人就是会多想。问题是想什么，如何想，如何验证所想的结果。

打破自我的标签

2015年5月后记：

此文谈到，激情、情绪、直觉、价值观，让自己可以在迷惘中做出选择，不能单靠理性分析，这是对的。本文也提到，榜样、偶像、名人，对自己也有启发。但这两点其实是有联系的。在迷惘的青春年代，人不是没有目标，而是被太多目标牵引；人不是没有情绪，而是被各种情绪激动。此时，走哪条路？这不能凭个人情感完成，而恰好要用一种社会化的情感。你获得偶像、榜样、名人的指引，他们给你一个方向。你信任他们，他们对某个方向的热情，感染了你，影响了你；你通过对他们的信任，认可了这种热情，习得了这种热情，于是在多个方向中，选择了特定的一个方向。你不再迷惘。你不再害怕机会成本，不再忧虑其他选项好处说不定够大。你只是朝一个方向走下去，并坚信它已经足够给你带来精神和物质的满足。没有这些贵人的提点，没有你对这些贵人的信任，这个选择难以完成。所以，选择是一种情绪的能力，这种情绪是一种社会化的共通感，通过信任关系来传递。

连大家看起来优秀的人，在完成一件大事以后，也会怅然若失。这时，他们也同样面临职业的停滞与中年的危机，难以做出新的选择。聪明人习惯自己分析决策。由于未来之门开了很多，一个门后面还有很多可能后果，问题叠加，指数爆炸。这样，聪明人就会一直纠结各种选项的可能后果。聪明人不跟进别人的意见，喜欢自己把利弊得失想清楚。这种选择障碍，其实是缺乏对能人和贵人的信任，因此是缺乏社会化的情绪。聪明人习惯把人生和职业选择的感性问题，也化归为理性计算的损益得失问题，

第一章
— 自我成长与行为积累 —

好比把立方问题投影到平面上来解决。但这样做的效率是很低的。选择困难症就是这样来的。他们怎样才能快速做出选择？激情、社会化的情绪、终于找到同道的心灵平静，相信感性、信任贵人。选择不是单独一个人理性分析的产物，而是社会化情绪同步共振的结果。

价值观是组织行为的程序

（2013年3月8日）

价值观不是空洞的，它是一套组织行为的程序。在你面前，有很多事要做，做到多大程度，这都需要选择。不是选择做不做，而是选择做些什么，什么时候做，按什么顺序做，做到多少算够，最重要的，做了之后，预期得到什么。人的行动，总是有时间压力的：一辈子就那么长，大学就那么几年，求偶最佳时间窗口就那么几年，事业的关键期就那么十来年。又因为人是社会性动物，人的行动，也总是有社会压力的：相对于同辈和成长经历相似的人，我得到的是多还是少。在这个基础上，相对于我的实际行动，社会给我的是多还是少，对我公平还是不公平。好的价值观说，社会是公平的，老天是公平的，在合理的时间内，我总是得到我应该得到的，不多也不少。在这个信念下，你来组织你的行为，该做什么，做多少，预期得到多少。

价值观告诉你，在一段时间里，该去期望什么，自己与别人的差距是多少，价值观也告诉你，该是你的，就是你的，你该得到的，你都会得到。

第一章
— 自我成长与行为积累 —

你应该预期什么是绝对结果,什么是相对结果。你要认同这些结果,然后为了做得更好,就要调整。好的东西,总要付出代价;可以轻易获得的东西,通常都不好。你付出了代价,你就会得到你应该得到的,你不会错过什么。你没有付出代价,机会主义,短期拼一下,希望碰巧遇到好结果,那么你将如你所担心的那样,得到普通的结果,也是得到你应该得到的。老天很公平。你一定要相信这一点。这是价值观的问题。只有相信这一点,才会开始分析自己哪里出了问题,才会去改进。

坏的价值观是不相信社会很公平的,一切都是社会的错。有了这种信念,就会习惯性地把现在的平庸状态,归因于外部因素。这样自己就没事了,还可以随心所欲,不必约束自己,不必警惕自己。推卸责任,是省力的行为,给自己的行为和思想的懒惰,找了完美的借口。人性是遵循最小行动原则的(least action)。把结果的平庸,归因于外部环境,可以很顺当地让自己不必在思想和行为上行动。多数人都容易这样做:学习成绩不好,是因为学校不好专业不好;工作不好找,是因为社会不公平;自己过得很悲催,是体制问题;自己思考能力不足,是教育体制弄的;自己感情很受挫,都是对方欺骗了我,或者不可靠。结论:自己很烂,但是,什么也不必做!!!因为那些属于体制问题、社会问题、别人的问题。这就是价值观出了问题:觉得社会对自己特别不好,别人对自己特别不好。自己做什么呢?看一看,试一试,哪天有机会了,再去做。结果十年过去了,自己还是很悲催。正好变成自我实现的预言:社会真的对我很不好,所以我才这样。认为外界环境和遇到的人,始终持续地对自己不好,应该为自己的现状负责,这是很神奇的想法,实际上是一种受害者妄想症。实际情况如何呢?自己完全受到社会和他人的环境因素的随机影响,没有任何识别和管理其中的好或

打破自我的标签

坏的模式或信号的能力，不懂得如何利用和避开它们，你是随波逐流，对自己的生活和环境毫无掌控力，任凭它们来摆布你，还希望得到好结果。这不是做梦是什么？你还是得到你该得到的：很矬，很受伤。生活没有刻意亏待你，你亏待你自己。把自己装扮成受害者，很有道德优越感，但解决不了问题。而且，这也不是实情。跟你同样成长经历的人，几年之后就比你做得好很多，不是因为他们突然得到社会的优待，而是因为他们开始思考、行动、找出优秀的模式、实施和执行，得到了好的结果。

好的价值观告诉你，老天很公平，你自己的现状，主要都是你自己造成的。想追求优秀，想得到不平庸的结果，一定要尽量把责任往自己身上追。这样对自己也许太狠了，因为有些事情，在所考察的某段时间内，毕竟是受到外部因素影响的，要你负责，你会觉得很无辜。但是，在中长期内，责任通常在于自己。外部因素只是在短时间内作为扰动因素。但在长时间内，你自己的行为程序才决定了你的结果。而且，那些即便在短期内起作用的外部因素，如果不是随机的，而是按一定频率或概率发生的，你也应该要求自己的思考能力可以追踪到它们，识别其模式，估计其概率，做出相应准备，而不是任凭它们来害你。坏事情连续不断发生在自己身上，往往是自己出了问题，因为坏事情集中爆发的概率很低，应该不是随机，而是事出有因，这原因就在于你自己。

没有人专门来害你，没有体制来刻意压迫你。你只是得到你应该得到的。无论什么体制，无论什么社会，总是有人杰出，有人平庸。好的东西，本来得到的人就不多，不付出很多精力和训练，当然是得不到的。付出的代价少，你得到的，就是平庸的结果。付出的代价多，训练的时间不小于通常的时间，动了脑筋，调整了行为习惯，你得到的，就不是一个坏结果。

第一章
— 自我成长与行为积累 —

不管怎样，你始终都得到你应该得到的。

在好的价值观下，对行动的结果会有正确的期待，这个期待要符合概率分布，不要机会主义。很多人想在一个时间段内同时完成多个目标，这明显高估了自己的能力和目标的难度，其结果每个目标都做得不好。这是可以预料到的。多数人都要花10000个小时才能成为一个领域的高手，要花1000个小时才能在学术英文方面入门，要花2~3个月才能掌握一个学科的基本常识，你为什么会比其他人快呢？你觉得自己比其他人聪明多少呢？应该不会聪明太多，甚至可能更蠢。你只是因为时间紧迫才这样做？因为时间紧迫，所以什么都抓在手里，一个也不放手，希望齐头并进，什么也不落下。这其实是一种机会主义和偷懒行为，想不劳而获，想一口气同时解决所有问题，然后就再也不用想了。一个月考好GRE啦，又考GRE又考研又追女朋友，一心三用啦；这半年工作又出业绩，管理能力还上升，家庭关系处理得还更好啦，等等。在一个固定的时间内，别人有三件事同时做到的吗？很少。通常是做成一两件。而你就是要三件事同时做到，你希望自己可以做两个人才能做成的事。

该花时间的，一定要花。该动脑筋的，一定要动。一口气做多个事情，每个事情的结果都平平，甚至惨淡。好的事情，你都落下了。你得到你应得的。时间紧迫不是慌不择路、不讲方法的理由，只是你纵情任性的借口而已。任凭自己的性子发作，想做什么，就一定要一口气，做得很畅快、很爽，然后，失败了。谁说要实现目标，就是很爽的？别信那些快乐做事、心灵自由的鬼话了！没有自我约束，什么事也做不成。

人们总是得到他们应得的。如果你集中精力在一个时间段，只解决一两个问题，完成少数目标，那么基本上，你的预期会符合现实，你不会被

打破自我的标签

现实的结果否定，你的心情会更好，你会更容易自我肯定，肯定自己的行为与实际能力，而不是肯定自己的想象中的能力，沉溺于"我能"的幻想。

一口气做完，只是因为太贪心；太贪心，是觉得有些运气可以集中光临。但它们从来不会，因为好事一口气跑来的概率，就像坏事全部上门一样，都是很低的。生活是公平的，获得任何优秀的成绩，都需要时间，也需要正确的方法、行动的步骤或程序。

患得患失，只是因为担心别人得到的东西自己没得到，别人会笑话。这是觉得大家的眼光很重要，大家的眼光通常较平庸，你觉得那重要，只证明了一件事：你也很平庸。认了吧！当你发现优秀的思想、行为和作为，你不会太在意普通同辈的眼光。患得患失的实质还是想老天最好特别垂青我，让我一下子得到很多。其实，没有人忽然同时得到很多。这种想法，是偷懒，是白日做梦。

大起大落，只是因为太任性，觉得自己够聪明，所以只要自己去做，就一定可以做成，不必理会通常的行为步骤和时间长度，你觉得现在不做准备也没关系，那些准备的人只是不够聪明，然后真到节骨眼里，你就遭到现实的严厉惩罚，跌到头破血流。对付学校考试、对付责任不大的工作，聪明劲冲一把，还能起点作用，但那些事情不是大家都很容易做到吗？你这点小聪明，得到的结果也不过如此。真要做挑战性强、负有重大责任、多数人没做到的事，光聪明，光脑子快，是远远不够的。

在好的价值观下，我们也会更多地向别人学习。多数人都得到他们应该得到的普通的结果，只有少数人做到了优秀和不同。由于优秀和成功的概率极低，所以，自己搜索得到的可能性是小的，非常小，即便你聪明，你勤奋，也很小。所以，接受优秀的人的指点，学习优秀的思想和行为，

第一章
— 自我成长与行为积累 —

特别重要。

或早或晚，你总会遇到有人来指点你，需要怎么做，开始做什么，接着做什么。这时，你要尽量遵照执行，不要自作主张。自作主张是随机搜索，胜任愉快，但就是任性。任性，人性也。任性，就不需要约束自己的行为，想读什么书，就读什么书，想思考多浅，就思考多浅。乱读一气，有收获吗？徒有爱读书的虚名而已。

正确的读书方法是需要循序渐进的，需要一步步训练思维能力，连续的正向积累。先写小文章，800字，一个论点的论证；再写2000字的，几个论点的论证；再写5000字的，一篇论文那种，多个不同观点的比较的；然后，看了多个分散的理论，要再思考抽象的思维框架，将理论整合在一个更简单的框架中，然后再要从一般框架引出新的理论，应用到新的实例和事实，这样来来回回好几遍，算是掌握了这个框架，然后还要把这个框架与竞争框架做对照，谁的理论容受度更大，谁能最终解释的事情更多，才算前前后后琢磨了一遍。琢磨透吗？思想岂是那么容易的事！好的事物总是要一步步积累而成，然后升级，然后与同类的好事物竞争，然后再升级，不如此，好的事物哪能脱颖而出！好的企业，如是。好的行为习惯，如优雅和气质举止俱佳，也如是。一下子就学会的事，任性来去都能学会的事，都不算事儿。

很多人喜欢自己想出一切好东西，不习惯按部就班地学习，以为自己的大脑会成为别人思想的跑马场。总喜欢自创一套的人，从来不懂什么叫创造。他们只是拼凑而已，胡闹罢了。不让别人的思想之马来先跑着，自己的脑子会跑些什么呢？蟋蟀、蚱蜢和跳蚤！创造好的东西，为什么那么难呢？统计上，优秀的事物是少的，完成的人也是少的，你自己发明好东

打破自我的标签

西的概率，与别人一样低。所以，一个题目，自己独自研究，刚开始时，茫无头绪是常态，如果不吸收他人成果，到了交工时，七拼八凑是结局。自创一套，实质上是随机组合，以为随机组合而能得到好结果，这是碰运气，以为自己总有好运气，这是错误的心理期待。

我为什么强调要跪下来学习？我为什么要强调亦步亦趋的学习？我还强调全盘照搬、刻意模仿。我深知，优秀的思想和作为，太难得了。自己独自发明的概率极低。我也深知，人通常是太自我了，太把自己当回事了，以为这些自己脑子一闪而过、过几天自己都不再记得的想法，有什么深刻的含义。真想得到好的东西吗？先向优秀的人、优秀的思想、优秀的作为学习吧！先想它为什么好，再想为什么还不够好。决不能反过来。先说它有不足，是的，什么思想都有不足，但是，你得到了什么？除非你像纳什、爱因斯坦、达尔文一样聪明，否则，在一开始的5000个小时以内，老老实实学习别人是如何思考的，不要试图自己提出什么理论。你通常不可能在前5000个小时提出什么理论。那做点什么呢？把别人做过的论证，自己重新做一遍，学习论证的方法，将来会应用到类似的问题。把别人思考的框架，重新想一遍，看看它能解释什么，再看看它还能解释什么，先想它的对，再想它的错，即使它错了，也要问，它错在哪里，它为什么会犯错。解决了伟大思想的错误，你的思想就不会太渺小。

我感谢我的老师，他研究康德，他说，先想康德为什么这样想，不要说他错，不要说他不足，不要说他愚蠢；愚蠢的是自己。我研究康德十年，才能提出一点点小小的新想法。而今天，我依然钦佩他的思想。我研究演化论七八年了，几乎没有任何新的想法。伟大的思想是用来崇拜的。然后心向往之，学习之，不断思考，艰苦地思考，不停顿地思考，10000个小时

第一章
— 自我成长与行为积累 —

以后，你也许会有一点想法。感谢上帝！即使那时没有新的想法，你至少体会到了好的想法是怎样的，不是很愉快吗？就如听了美妙的音乐、看了美好的电影、参加了精彩的商战、目睹了伟大的成就，都很愉快。这是精神的享受。

价值观是什么？由于得到好结果的概率太低，价值观是让你知道，要对结果有正确的期待，你只能得到你应该得到的。那些不能得到的，如果居然恰好得到了，也只是平庸的结果。价值观是让你知道，要有程序和步骤，再加上相当长时间的努力，才能实现好的结果。不要期待天上掉馅饼。不要以时间紧迫为借口乱来，那其实是机会主义。你的机会主义，在于你习惯于获得平庸的结果，你没见过伟大是怎样的，你没见过世面，还任性自我，以为自己想想、做做，事情就成了。杂乱无章的思考和行动，毫无组织、缺少设计，结果是普通的。所以，好的价值观是一套行为组织程序，它告诉你，应该怎么去行动——以模仿和学习为主，行动的结果大概是怎样的——好的东西都要付出代价，不要期待奇迹，只有持续的积累，才有希望。

好的价值观怎么形成？怎么形成对结果的正确预期？家教要好，成长环境要好，工作环境要好。要有大人、贵人、优秀的人来告诉你，应该得到什么，通过什么方式才能得到。要明白什么东西是好的，好东西通常都与长期的努力和付出的代价相联系，要明白什么是不好的，猛做或瞎做一阵，觉得就能做成的，纯粹自创的，通常都不好。家里人没教你这个，喜欢耍小聪明，算了。过去老师没教你这个，别计较了。刚工作的时候，没人来带领你，别埋怨了。现在都是成年人了，现在是工商业时代、互联网时代，你自己可以通过模仿他人，提升自己的高度。要多看传记、多见世面、多看分析成功的科普书、多思考和对比。认识社会、人性和自我，追求优秀和卓越，肯定是不容易的。要花足够多的时间，要想足够多的问题，要向足够多的人学习。多少算足够了？永远都不够。为什么还要做？这是精神的享受，这是对自己和世界的好奇。

第二章
家族积累

拖延与贫困

拖延：行为与心理

拖延是一个行为问题，有些是因为自控力差引起的。现在的人学习或工作时，都把手机在桌面上，来了消息就看一眼。手机信息量太大太琐碎，会严重干扰大脑加工信息的能力。自控差，主要是因为目标太分散、任务太琐碎。好像天天都在做事，但效率不高。很多事都还没做，定下的目标都没完成，任务拖延严重。如果拖延是因为缺乏效率，如果缺乏效率又是因为自控力不够，则拖延首先是一个自我能力认知问题。人就是只能在一小段时间里专心做一件小事，不能同时做好几件小事。人的工作内存（working memory）、人的注意力控制区间，是非常有限的。多线程任务（multi-tasking）模式是不行的。要把手机静音，或者放在书包里；一段时间集中做一件事，运用单线程工作模式。

人不仅在内部的工作内存上有信息限制，而且在理解外部任务的层次上也不擅长。容易的事，一口气就能完成。但复杂的事，要好几口气、很多口气才能逐步完成。这些事往往不在先天能力范围之内，而是人类后天

第二章
— 家族积累 —

发明的各种信息复杂度很高的事情，比如，背单词、读学术文章、驾驶、管理企业等。针对这些事情，就要分解目标，一步步做、一个个环节打通。不仅要聚焦于当前任务，而要集中于当前任务的一个小环节。把目标量化分解为一天之内能完成的任务，是极为重要的。大目标分解为一个个小目标，分解到你此时此刻可以动手做的小小目标为止。你的当前注意力可以维持10分钟，你就分解到10分钟可以完成的任务。一天、两天，逐步提高有效学习时长。然后就用时间去积累这些小成果，最后会变成一个大结果。

把目标分解为一天之内能完成的任务，才不会拖延。甚至要将计划设定在更小的时间段：这30分钟做什么？先分析7个句子，先写完5道题！人的行为习惯只能执行有限的操作；对人性的天生局限要有足够的警醒。不要单凭好奇心和个人兴趣来引导自己，有兴趣、爱好、好奇心但无所成就的人，多了去了。纪律性地生产力更重要。做成了，你有一点满足感，可以美美吃一顿。人类行为的双曲线折现模型告诉我们，长期目标很容易被短期诱惑所颠覆。为了让自己不至于偏离最后的大目标，我们每隔几天或至多一周，就要奖励一下自己，比如，健一次身、看一场电影，第二天再回到原来的任务轨道上。不要几周都折磨自己，不放松，等到实在撑不住了，完全崩溃，玩去了，再也不回去做事了。

小结果集合成大结果，中间的学习环节还不能完全重复，而要周期性地改变难度、角度、广度、深度，这就是刻意练习，或者称为深度练习。例如，背单词，隔一阵就要加大单词量；背完一遍，就要从别的、新的、不熟悉的词根词缀角度，换本书再背；词根词缀熟悉了，还要集中来一些同义词、反义词，辨析词义的细微差别和共有含义，这又是一个新的费力角度；以后，还要把单词放在句子和段落中去，不同学科的文章集中看一些，了解单词的用法。所谓深度练习，就是在费力区学习，不要仅仅在熟悉和舒适的区域重复。又如，我在《GRE阅读制胜法则：多层结构法》中，把阅读学术文章的大目标，分解为句子结构、因果论证、对比论证、让步转折、观点关系等小目标。它们都不可亲，但踮起脚你又能够着。一个个练习，你就能掌握一个个小目标的阅读技巧；集合起来，就能获得学术文章阅读的技能。技能，是无数小技巧的累积。平常人们说从量变到质变，这还是太宽泛。量当然也很重要，没有基本的量，怎么也升级不了。但有了一定量、已经不费力了，就要主动爬台阶、加任务、换角度。变化，是更重要的。

效率不高和自控力差带来的拖延，可以通过单线程、多步骤、深度练习来解决，它是一种技术拖延。还有一种是心理拖延，恐惧与贪婪都会导致某种程度的拖延。

恐惧会导致拖延。因为害怕做不好、做不了，所以就什么也不做，或者仓促做一点，结果的确不好，于是就拖着。这种拖延，表现为逃避、原地不动。例如，一些新司机拿到驾照之后也不敢开，每次都让别人开，自己水平不长进。其实，只要不断练习，就能有所进步。又如，一些男生追女孩子，每次战战兢兢，说了几句话就不敢继续讲，怕讲错。其实，降低预期，只要练习效果与花费时间相对应，就没什么。

恐惧的反面是贪婪，贪婪也会带来某种特殊形式的拖延。贪婪通常表现在想得到的太多，直冲过去，吃相难看；但它也可以表现为，现在什么也不做，因为想着以后一口气搞定啊！这比较隐蔽，但也是存在的：不是不做，而是想一口气做完，自己也知道一口气做完有难度，所以徘徊、犹豫、难以抉择、行为瘫痪。贪婪是多做，恐惧是不做或少做，两者也许可以相互转换：因为贪婪，特别想同时做成很多事，结果一团乱麻，行为上是在忙，

第二章
—家族积累—

内心里却很怕失败，结果慢慢什么也不做，这是恐惧；因为恐惧，怕做错，所以稍做一点就跑，还期待这样会成功，或者根本不做什么，以为运气会从天下掉下来，这是贪婪。贪婪是特别想赢，恐惧是特别怕输，都会把事情做糟，因为都不满足做事需要行为积累的规律。

总有人会想一步登天，一次解决所有疑惑，一劳永逸克服一切困难。爬山的时候，总有人喜欢一口气就爬上山顶。其实做不到。有的人就磨磨蹭蹭，不愿马上集中精力，而是想等到什么都准备好了，心态、状态都好了，再去做，毕其功于一役。在没有准备好之前，在没有最好的方法、最好的状态之前，就先不做，拖着。拖延是一种病。难道存在这样一个时刻，你的状态超好，然后可以一口气做很多事？不存在，至少不会有规律地存在。即使有一次两次，也纯属偶然，不是人类行为的常态。

在这种错误的期待里不做事，看起来是拖延，不如说是贪婪：你向一段时间里要的太多。贪多务得，想用极短的时间，获得极多的成果，想要不劳而获，或者至少事半功倍。本来学英语这件事要1000个小时，你想用100个小时就搞定。本来同一个时间段只能完成一个目标，你想要完成全部目标，既要背完单词，又要提高阅读，还要学好专业，还有组织会议，还有比赛。有的男生天生情商不高，一跟女生说话就紧张，结果还指望自己用最快的速度找到最好的女朋友，说几句话，吃两次饭，关系就定下来。这是贪婪、恐惧、认知缺陷的混合体。所以，贪婪是一种偷懒，因为偷懒就是该花的时间不花，还要得到结果。偷懒也是一种取巧。本来完不成的事，你想偷个巧，把它完成，也许想运气好，也许想别人不知道，偷懒变成狡黠。

拖延也许只是一种行为障碍，但作为拖延症思想基础的贪婪、偷懒、狡黠，则是错误的价值观。本来没有哪个人可以在这样一段时间里得到这么多，但你却认为，因为你缺乏、你想要，所以，你有权利、有资格同时得到所有这些。过多的目标、过度的紧张，会让自己动作变形，任何一个目标都做不好。

这又是因为没有见过别人是怎么做的，也许长辈没有教你循序渐进，亲人朋友也没有做过示范。没有好的示范和指导，你可能有错误的价值观；错误的价值观指引了混乱的行动进程。一段时间里想要的太多，结果什么也得不到。不必责备长辈。也许他们本身也很匮乏，就像你现在一样。犯错是难免的，前辈、长辈犯了错，反思了、修改了、找到了正确的做法，就可以传给你，你不必再犯同样的错，好的行为模式也是家族积累的结果！如果他们没有经历这个过程，就得你来走一遍，为自己、也为后辈建立好的行为模式。

人类往往贪婪，看到什么想要的，就想立即得到。受到短期诱惑，放弃中长期的目标。这是人之常情，不值得责怪。我们祖先的生存环境太恶劣、太不确定，不及时行乐，第二天说不定就死了。激情、冲动，在这样的环境下很好用、很够用。对于匮乏的人来说，冲动是理性的选择。先活下来再说，哪有时间去想伟大人生！但现代社会是不一样了，活下来是相对容易，吃饱穿暖是小目标，我们原则上有充足的空间和时间去完成大目标。所以，虽然取消不了，但节制自己的欲求，是必要的。要用逐步完成小目标、以行为积累获得大目标的新思维，代替撞大运、一蹴而就的旧念头。每一个好的故事，都是行为积累的结果，只不过有的是某一代人的积累，这时你可以看到他很努力；有的是家族积累，这时你就觉得他好像天生就会，但其实不然。世界是公平的，好设计总要足够的时间来完成，这个时间要么是你来加上，要么是你的长辈、前辈帮你加上。

第二章
— 家族积累 —

贫困：物质与观念

有文章指出："即便给穷人一笔钱，给拖延症者一些时间，他们也无法很好地利用。在长期资源（钱、时间、有效信息）匮乏的状态下，对这些稀缺资源的追逐，已经垄断了注意力，忽视更有价值的因素，造成焦虑和资源管理困难。智力和判断力都会全面下降，导致进一步失败。"贫困子弟的问题在于，他的脑子为生存所占据，只有自己的个人冲动和想法，没有认知带宽去关注长期目标、非个人事务（陌生人的弱关系）。由于满足个人冲动、实现个人需求是当前最紧迫的任务，他会把一切物质的、观念的资源都用于这些任务。对于长期规划和社会事务，他没有认真考虑过。如果恰好遇上这种事，他会用自己唯一可用的行为和思维模式，不是通过行为积累来达到长期目标，不是通过多层分析来理解和经营社会关系，而是希望一口气搞定，这是他的启发式做法（heuristics）。在这一点上，物质与观念贫困，与拖延有相通之处；它们都希望快速完成，如果不行，就想取巧，如果取巧不成，自己又不理解发生了什么，那就可能要抱怨自己运气不佳、别人运气太好、社会不公了。

物质的贫困伤人。在个人行为上，小时候资源匮乏，东西靠抢，谁抢到谁得，长大时，看到好东西也就去抢。很多人都在抢，这很正常。但什么都去抢，就不太好，这样很容易被诱惑。如果你一直物质匮乏，可以诱惑你的事情的确是太多了，别人很难在关键时候信任你，你也很难跟人建立长期的信任关系。

你自己也会过度承诺，对人讲相信我，对自己打气要自信。其实做不到，因为还在满足基本需求的阶段，还有太多非基本需求的事你都没时间去了解，不花时间就不懂，不懂就很难做好。别人即便愿意相信你，你也说不到别人的需求点上，这样大家都很难受。具备了多大能力，就应对多大环境；太好的环境过早出现，反而有害。

如果你坚持不受诱惑，不该得的就不要，那很好。如果你也诚实地告诉自己、告诉别人，自己目前只能做什么，还不能做什么，那很好。正确的价值观可以在人贫困时依然保有尊严。但如果你贪心，别人有的，你都想得到，有时还想以很快的速度得到，如果你自欺欺人，告诉别人你很厉害，什么都能搞定，这就在价值观上出了问题。调整价值观要比消除贫困更难。当然，既然一切都是时间积累的产物，那么，假以时间，物质是可以逐渐充裕的，假以更多时间，行为模式和背后的价值观也能经历深刻的转变，从不劳而获转到行为积累。只是别人不一定愿意等你那么多时间，他们跟你一样只有一生，每个人的人生都是短暂的。Life is short。门当户对的好处就是，大家的时间线基本一致，行为、观念比较合拍。家庭差距太大，关系是不容易相处的。Life is short。

观念的贫困比物质的贫困更隐蔽。读书少、见识短，就用概念脑补。其实就是穷。你观念上贫穷，才会在空泛的理论、概念和意识形态中寻找安全感。越是贫穷，词汇就越是空泛，原则就越是单一，意识形态就越是极端。反之亦然，越是学富五车，词汇就越是丰富，思维模式也越多样，策略一层又一层，想法一组接一组，基本没有意识形态的困扰。

缺乏事实、证据、经验、因果分析能力，就难以抵抗空洞和贫乏的观念的吸引，因为后者简单粗暴，而前者复杂难解。经历少、见识浅，只好以概念来充饥，大词、爱心一阵阵，公平、正义、民主、自由、福利，一堆堆。政治小清新，说白了，就是这种穷。当然，谁年轻时没信过这种鬼话呢！

还有一种更隐蔽。例如，每个人都有选择生活的自由，好像因此你我

第二章
— 家族积累 —

他就没有差异了。是的，没人用暴力强迫你一定要怎样选，但你有几个选项？有实力，才有自由；没有实力，谈自由，好奢侈。即使你有这种自由，谁在意？谁会理会？谁会费心来取消它？没有人。每个人都有选择生活的自由，"每个人"一旦出现，就对你没有意义了。人人都可以的事，事本身不重要，能力、实力才重要。差异比相同重要，社会是有竞争的，有时还相当激烈。问，你选择生活的自由度有多大？你是有了钱没时间，还是有时间没钱，还是既有时间又有钱，还是既没时间又没有钱？

有人又说了，人都有做普通人的权利。谁剥夺这种权利了呢？没有人。全称命题（人都……）一出场，相同就不重要，差异才重要。有的人只能一辈子做普通人，有的人想做就做，不想做就不做。我们这些神经发达、思维活跃、喜欢想事情并且想法异于常人的人，成长过程中经历了那么多嘲笑、那么多冷眼、那么多质疑，我们走到今天，难道是为了做一个普通人吗？所以我们要敢于与常人不同。要有大志向。而且也不以此炫耀于人。

有人说要看你自己如何定义普通和不普通了。这种一切都是相对的观念，很害人，也很有迷惑性，其实也是因为穷。社会主流标准是清楚的、确定的，不以个人的意志为转移。别想通过个人欺骗和幻觉改变这个标准。它只会缓慢变化，在个体生命高峰期通常不变。要适应这个标准，而不是要求社会来适应你的想法。如果你见得多，你当然知道有的社会阶层就是不普通的，知识上、财富上、权力上不普通的人是真实存在的。看到了不普通的，你就知道。没有看到，那是因为知识的贫困、财富的贫困，或社会资源的贫困，或两者三者兼而有之。

名利当然不构成终极意义。你赚了钱，然后就嚣张跋扈，你建功立业，然后就睥睨天下，这都是暴发户作风，以名利定义自己。但是，因为名利不是终极意义，我就不赚钱不建功，我淡泊，我就什么也不去做，还以为这样很深刻，这样真的好吗？难道思考竟然是让人不行动吗？这是恐惧，不是深刻：恐惧欲望无法实现，或者害怕实现之后的空虚。

名利欲望都只有时间价值，没有永恒意义，但肉身之人只能看到眼前的这些和那些价值。绝对价值在概念上可想象，无法在经验中给出。如有绝对和终极意义，也只在理论表述中存在，而它又被表达于语言、文件、案例中，又需要有人，需要生理、心理、观念需求满足。满足得越好，就越能在观念中肯定绝对价值。

人所做的，都在时空中，是有限的。人所求的，多在社会中，是看得见的声色名利。观念上可取非。漠然对待一切欲求，都无差异，为齐物论，为老庄；一切皆轮回，有此无此，安然处之，为佛；以眼前特定欲求为起点，但不满它的重复，寻找新的欲求，满足后再取非之，再有新的，无限开掘，永无终结，为黑格尔。不断升级，为自我修养、家族积累、社区团结、行业发展、城市繁荣、国家富强、民族荣光而奋斗，这是经过工业化改造的中国儒家思想，也是我提倡的人生观。

这个工业化改造的人生观，有确定的、客观的标准。相比之下，否认实际差异、支持相对主义，则过于主观、过于个人化，甚至私人化。私人思想，只是思想的贫困，不是什么思想。

人只有一辈子，有的人爬过非常奇绝的山，有的人一辈子只在山谷的平地行走以至爬行。选择哪条路，不需多说。选择后，认知隔离和价值观分化就会出现，并按家族传递。不同的路，对社会的贡献也大有差异，这种差异都是客观的、实在的，不是你用个人观念可以消除的。

生在大城市的人，多感谢父母和祖辈。据说，清华、北大在北京的招

第二章
— 家族积累 —

生名额，多数被早些年考入北京、留京的外地人后代所瓜分，他们的父母就职于北京的政府机关、科研院所、高科技企业等。

小地方来的，学习科技知识、掌握致富本领，为下一代做点准备。一代代就是这样干起来的。没有哪个大城市的人，是祖祖辈辈都在大城市。也没有哪个小地方的人，永远被诅咒。在小地方长大不是错；到了大城市后认识不到自己只是优秀中的普通，找到新的策略和生活方式，才是错。

平民子弟如果连书都读不好，他以后就要用几倍的精力来弥补少年时代的缺憾。不要讲什么每个人都有选择自己生活的权利。这是思想的贫困、观念的贫困，这是把没得选当成自由选择了？对自己狠一点，多学编程、英语吧。要做得出色，就要竞争，而且是在各个维度上，无论中国美国，竞争环境对每个个体都一样严酷。关系行他们拼关系，那是他们父母给积的德；关系不行，你就拼智力、拼编程、拼数学、拼地气。总要有一个维度是你比较厉害的。只要你努力成长，深度练习，在一个方向上连续积累1000个小时、5000个小时，甚至10000个小时，3~5年、5~7年，甚至10年，你一定可以成为某个行业的优秀人才。

普通子弟不要做学问

今天说说学术研究的事。真心想做学问的,就把这个当成精神追求,别想着赚钱和掌权了。精神和学问本身有自己的标准,无法用钱多权大来改变,你能用权、钱换来牛顿定律吗?权和钱会干扰研究学问的人,但干扰不了这些人认同的学问标准。

但学问除了自身的精神价值以外,就别无价值。不能用权和钱来交换学问,同样,也不能用学问去交换钱和权,这是说,不要指望学问搞好了能赚钱,能安排好生活。读完博士的男生往往一贫如洗。女博士就不说了。现实的权力和财富的压力,在书斋里是避不过去的。如果你在意这些,不能躲在书斋里;评论社会,是无法改变社会的,只是学鸵鸟把头埋在沙子里,学问也不一定做得好。不如甩开膀子去挣钱。所以,如果你真心想做学问,被问题吸引着,你要先想着自己有没有物质基础。

家族没有积累、父母帮不上忙的,做学问有难度。要么你做得特别好,进大学或研发部门,落地了。但要做出顶尖的学问,难,因为你放不开,家贫见识少,思路要打开不容易。普通子弟读到博士就是憋个大招,子女

第二章
— 家族积累 —

能在大城市落地。但别想着连权、钱也都兼得了。打怪升级都是要装备的。

科技博士较好，国家会养一批，企业也要一些，其余搞基础研究的，你得等待时机。比如研究核电的，这几年中国要发展这个，你的生活才会改善。有的永远等不到，比如搞历史、哲学的。你有问题想弄清楚，这是你个人的事，不能让社会给你买单。搞学问就像打游戏，想玩就自己买单。

问：牛顿家不是没啥积累吗？答：你是牛顿吗？你的老师是当时最顶尖的科学家吗？研究得特别好的天才，不必考虑财富、名声问题，因为社会会给他们。普通人、一般的聪明人，你得好好想想。

（1）天才可以做学问。什么人是天才？天才从来不在意财富和地位。如果你在意，你不是天才。判别标准就是这么简单（详细可看 Simon Baron-Cohen 的书）。

（2）普通子弟可学理工科金融会计之类。家族无权无钱，你就通过知识和技术憋个大招，自己少玩点，上个大台阶。但也不会太多。

（3）聪明但又不是天才、家境普通的，最难办。也能拿个博士当个教授，但因为还在意财富和地位，十年后回头一看，比自己笨的同学过得比自己好。怎么破？路是环境给你选的，不是自己选的。你当时没多少选项。读书一直读然后教书就是习惯，也没别的本事。

（4）家庭还可以的、人又聪明的，说明家族积累到了一定份上，就可劲折腾吧。学问上，也能做到第一梯队附近，参考钱学森家族、鲁迅家族。赚钱或权力，都能更上一层楼，参考荣家、俞家。这都几代人的结果。毕其功于一役是不可能的。你要真想好，那就踏踏实实，为后代打基础。

问：做研究有前途的就只有家里很富裕或是有研究传统的人是么？大约达到什么样的标准可以算是以上两种家庭呢？答：如果你问这个问题，

基本上就不是了。富裕子弟或天才，他不会问这个问题。你的后代到了那一步，他自然知道。

不要因为社会浮躁而做学问，不要因为权力压迫而做学问，那是逃避；你做了学问，做得再好，也改变不了社会浮躁、影响不了政治权力。做学问是思想的事，与社会、与权力无关。好的学问是思想的自我纠错和升级。学问不需要气魄、气质、情结、独立、自由。学问是很客观的事、理性的事，标准是客观的。千万别给它上纲上线。

国内学校招老师现在只进博士。美国博士比较强。国内名校博士找工作因为有熟人介绍较好。现在的情况是，如要去好大学，必须本科就是985毕业，在美国也念好大学，还有过硬的发表成果。教授这条路，竞争激烈到你无法想象。家庭较好的可走教职；普通子弟读完博士还是去企业做研发，赚钱养家。

综上，（1）做学问自有独立精神价值；（2）天才可做，理工金融可做，家境好可一代代做，普通子弟读博士，为下一代做积累，一代之内全面上台阶很困难；（3）做不了学问，别怪社会。社会不欠你什么。社会也不浮躁。浮躁的是你自己。自己研究问题，还想着社会给你买单、送钱给权。

第二章
— 家族积累 —

家族积累与人生设计

好的人生需要家族积累

繁华城市的夜，万家灯火。你希望有一扇窗属于你。这理想美好而单纯，很多人都怀有，而大都市的空间，虽不断变大，但依然有限，因而价格高昂，特别是在你人生和青春的关键时期，它总是高得令人心折心摇撼。一些人返回家乡，变得现实；一些人要靠两代积累才能留下；本地的则还想去更好的地方。

你从农村或小镇来。你上重点，同学上普高。上完高中他们去打工，20多岁回家乡结婚，一起出来打工，孩子放家里，春节回家。你考上好大学，毕业后留城。第1~2年月光，第3年略有起色，25岁你惊觉要攒钱，拼命工作。如可啃老，28岁交首付，二线城市2~3环，京沪五环外或中环－外环；如不可，30岁后首付。

男孩。你开始以为房价是政府问题，但京沪即使房价跌一半，25岁愤怒的你，也未必买得起，30岁依然囊中羞涩。埋怨没啥用，唯有多赚钱。积累的路越长，计划就得越早。大学时多实习，了解行业收入，自己规划职业，把高收入和买房首付作为工作初期第一目标。经济有枯荣，房价会涨跌，但收入怎样也要上去。

大学时，你关心平等、正义、民主、福利、自我、女神。以为会与你有关，其实无关。25岁的你明白社会地位是家族积累的结果，你只能从零开始。正义帮不了你，福利只保障不饿死，古今中外人类社会从没平等过；投票能改变自己和家人生活吗？你的自我对服务客户很重要吗？女神，只是大学曾偷看过一眼。

女孩。你以为会遇到白马王子，像韩剧男主角将你从平凡生活中拯救。其实也见过，只是他们身边总有美丽优雅的女子。从前你以为自立自强的女人最美，心灵美最重要。25岁，"在家靠父母、在外靠长相"，原来并非虚言。最佳择偶期如此短，毕业后只剩3~5年。早知如此大学就健身，参加各种活动。

你以为一个人就可以。你以为只要开心就好。你以为你可以无所谓。心理的防御机制无所不在，它总会为你的生活找出一个看起来很特别的理由；这并不特别。但你还有其他心理诉求。30岁的你，看到别人的粉嘟嘟的小孩，会怎样？节日总是一个人度过，会怎样？人生是彩色拼盘，你却被迫用一种颜色。

女孩25岁，男人30岁，在大城市还安定不下来，留下还是回家？在从前，我会说，留下。但人生的关键转折点，在你没准备的时候，总显得逼迫。对一些人留下是孤注一掷。离开不一定是退缩，只是准备不足，让下一代再来过。如果你还年轻，今天就开始规划。设计人生，你的生活才不容易被随机因素冲散。

从大城市去海外的，留下还是回来？除了高科技等少数行业，月薪交

第二章
― 家族积累 ―

完保险、房租、吃饭、买点衣帽鞋袜，所剩无几。几年攒了一点，有时还靠家人国内的积累，攒够首付，房一买，10年还月供了。35岁，收入高一点的，还能再积累一点收入，投投资，度个假。希望寄托在下一代，但他们在异国能占领什么高位？

如果不是做学术、高科技、某些金融工作，在海外漂着是为了什么？美好生活？国内发展迅猛，10年后看，当年瞧不上的同学过得比自己好，休闲时间多，行业地位高，而自己不过是一个资深职员。曾经苦背单词、四处奔波，为何不过如此？只是找份海外工作是不够的。要升级，必须选中起风的地方。

社交习惯也靠家族积累

人一开始，就是勤奋；家族积累不足的，要更勤奋，所谓吃苦耐劳。勤奋到一定程度，仅仅勤奋也不够了。这时需要社会资源和行为格局，这些也来自家族积累。家族积累的不仅是财富，家里有一点钱，你才能让父母支持你自费出国，或让父母帮你在大城市出首付。但家族积累的还有社会资源，还有为了协调社会资源所需要的行为格局，乃至思维模式。

如果父母只是在家里的城市积累了一些社会资源，而你到了一个陌生的大城市，你就要自己开始积累资源。当你刚开始工作、步入社会，你只是一个兵，干多少拿多少，你不可能掌握重要的职位，上司也不会把核心的资源交给你，万一出了问题，很麻烦，还没有信任你的时候，你就不会获得入场券。

工作一段时间，自己成为一个可靠的人，上司布置的工作，按时完成、甚至超量完成，你的努力，得到回报。干活是可以了，一些事情都能顶上。你的收入从5千元到1万元，到3万元，再到5万元。50万元是个坎，很

打破自我的标签

难过去这一关。接下来，要做重要项目，或者做大流量，都需要社会资源，这些人不是你巴结就可以，而是真心愿意与你合作。像你一样拼命的人很多，像你一样聪明的人，大城市的地铁里也到处都是，你凭什么得到好机会？好机会为什么交给你？只有信任。信任，不是单纯对你的能力，还有对你的人品。人品靠日常工作接触、非工作的社交活动等各种活动来慢慢积累。你必须参与这些活动，既要被人认识，也要反复练习待人接物的行为举止、说话方式。

如果你的父母从小就有一些社会活动，在饭桌上常常说起，或者带你出去见识，把你介绍给长辈，你就获得了这种意识，你也会无意中模仿父母的行为，以后待人处事都很得体，大家都愿意跟你接触，在新的大城市你会如法炮制。社交行为也是家族积累的产物。但是，如果你的父母没有积累社会资源的习惯，如果你在家里从没见过、很少听说他们参加什么社会活动，那么，你就不会有这种习惯。

没有这种习惯，你总是朝九晚五，下班回家，周末跟同学老乡一起玩；没有这种习惯，你在跟上司、领导、高手接触时，可能还固执己见，有意无意挑战对方，那么，你几乎就给自己关上了让别人信任你的窗口。仅仅勤奋，干多少拿多少，在工位上刨食，跟在一块土地上刨食一样，成果都是有限的，天花板 5 年就到。然后你无法向前，因为没人带领你，你还不知道为什么。你也许很久都意识不到，人们对你的社会信任不够。谁会来提醒你，搞好社会关系呢？谁会来跟你说，你不要太独、太自我，完全按个人性格做事呢？谁都不愿冒着刺激你的风险。除非有贵人提醒，除非有你信任的人一再示范，否则你很难意识到。这种事，书本上不写，学校里不教，只在人世间流传。

第二章
— 家族积累 —

但人到底是有能力反思自己的。你知道了聪明勤奋的普通结局,你就开始想办法。不是偷、不是混,不是玩公司政治,而是意识到要从别人的角度出发,为更多的人服务。没有反思,没有自我改造,人会被定死在自己出身的社会阶层的典型思维方式和行为模式中,毕业5~7年、人生到30岁,就会定型。但如果人勇于否定自己的部分过去,勇于自我改造,找到贵人、信任贵人、获得信任、反复练习,人可以超出自己的出身阶层的行为模式,为企业、为行业、为社会做出更大的贡献。这就是主动设计人生的意义。行为模式也是家族积累的产物,如果在此方面你的家族积累不足,那就从你开始积累!我们要积累财富,积累社会资源,积累好的行为模式和思维格局,更好地为社会服务。

十台阶论：人生的爬坡历程

90后已经开始创业了，生机勃勃。他们创业，有人投资，自己不用花钱，休学一年，要是钱烧完了还可以继续读书，要是做成了，毕业文凭就不是必需。对90%以上的人，文凭的作用不就是为了敲开职场大门么？90后的创业者如果成功了，就不再需要那份文凭。这是佼佼者。另一方面，也有人说，90后不上进。他们在大城市长大，生活条件好，从没挨冻受饿。学习环境也好，中学老师往往是博士，工资高，倾力钻研。父辈的那些传统人生目标，在他们那里就不是目标，而是现实，是理所当然应该有的。他们不会为此焦虑。唯一要解决的问题是，还有什么挑战，可以刺激一下自己的？这不会比当年父辈从小地方到大城市打拼容易。有时还更难，因为台阶越往上，成功概率越低，自我提升更重要。

财富和社会发展到一定水平，认命的年轻人比例会增多。该有的，已经有了。家里准备好了。不知道还能做什么。不能有的，成本都太高，怎么也够不着。家里没给准备好，自己从零开始，很遥远。还不如开开心心过日子。反正过得还凑合，就别较那个劲了。这种心理活动，会自动带来

第二章
— 家族积累 —

身份认同，社会地位由此锁定。所以，阶层固化不必是社会恶意，而是个人选择。

与认命心理同时发生的，是动力不足。动力不足是人们对大城市孩子的普遍评价。然后就上升到道德了。生活环境好，孩子不愿吃苦，比较懒。似乎要送他们去吃苦，在逆境中成长，才能成才似的。父辈当年很吃苦，因为那时要温饱，如果不卖力气，就饿肚子。在外部环境严苛时，行为必讲理性和效率。不讲理性、不讲自律，随时被打脸。但生活水平上去以后，外部压力下降了，行为会感性，玩得转，输得起。

还能更上一层楼的，运气很重要。靠近创业活跃的科技园区、刚好学了计算机和数理专业、父母正好认识一些人。90后的一些佼佼者，让人觉得汗颜，那么年轻，就拥有那么多。好像这一代人是不同了。当然，在行动的内容上，是有差异的。但每一代人都有自己的不同。就不同而言，各代人都是相同的，都跟自己的上一辈有显著的不同。70后比前辈更优秀，80后比前辈更优秀，90后比前辈更优秀。过几年还会听到00后比前辈更优秀。只要社会财富水平不断提升，后代总会比前代更优秀。后代的优秀不是自己从零开始取得的，而是前代铺垫、培养、积累的结果。

90后的特点，是在走第5层、第6层台阶。台阶越高，越引人注目。但他们能从第5台阶开始，那是因为他们的父母给他们做了准备。回溯到家族那里去，这些父母从第1~2级，一路突击到了第5级。也许还不服老，还在努力工作，但基本上也就这样了。下一辈的故事，是在新的台面上展开的。

这些运气，普通子弟是不太可能有的。普通子弟还处在大城市孩子的父母当年拼搏的阶段。从一个小地方，考到大城市的大学，然后留在本地工作、挣钱、买房、成家、升职，一天工作12个、14个、16个小时，搏命。勤奋很好，但结果不一定比好家庭里出来的孩子强。不是个人能力问题，而是家族积累的问题、你从哪个台阶开始的问题。大城市的90后从第5级出发，小地方的90后还是从第1~2级出发。这是家族积累的差异。看你处在社会台阶的第几级。

假定每一代能爬3个台阶，很不错了。5~7年一级，从20岁到40岁，人生能有几回搏，15~20年，连升3级。40岁以后，人的创造力和执行力基本就停滞，甚至倒退了。接力棒传到下一代。三代人，爬10级，成为杰出家族。

你一个人，从地面开始，20~30年不间断，爬5级，40~50岁了，还搏斗呢。别人从父母创造的第3级台阶开始，爬3~4级，35岁，就到7级了，就比你强了。这就叫阶层差别。这与社会体制无关，与工业化农业化环境无关。它只与生物社群的资源稀缺下的地位竞争有关。

十台阶论，不是真的说就是十个，不是八个，或者十八个。十，是一个任意的数字，它仅仅表示，从山谷到山顶，有很长的距离，有好多个平台。你的任务，不是抱怨身在哪个平台，而是从你所在的平台出发，向高处前进。真的猛士，敢于面对惨淡的人生，敢于面对残酷的现实。前进，是自我赋予的意义。没有人逼迫你这样做。这只是一种选择。

选择，没有为什么。有时，选择甚至是一种情绪。不服输，不甘心。不信邪，不怕鬼。深刻的触动，来自经历。见得多了，你才知道现在的自己真的如此之low。奋斗的动力，就是这么来的。都不敢去见，那就自我封闭，自我认同，自我锁定了。当然，不会有人跑来跟你说，你好low。没人跑来跟你玩，这就是对你的惩罚了。选择没有好坏，后果有好坏。情绪没有真假，

第二章
— 家族积累 —

只有强弱。动力不足，认命，说白了，就是情绪不够、受的刺激太少、地位高低的触动太轻微。说你自己也就这样了，这不过是一种独断和教条罢了。要用新的自我期待，编织一套自己的叙事，组织自己的资源，去攀登新的台阶。

第三章

社会情感的驱动

弱关系对青年人的重要意义

弱关系与实力是平行的

没有实力（财富、权力、知识、信息）的人，只有强关系，没有多少弱关系，只有亲朋好友、同辈同学、工作同事，很少有其他社会联系。这既可能与他实力不足有关，也可能与他在社会关系方面的行为习惯有关。一些人看起来没有什么本事，也不怎么聪明，但善于经营社会网络，也取得显著成绩。构建弱关系本身也许是一种能力，与现有实力无关。另一方面，有实力的人可能因为性格、习惯等原因，与外界接触很少，失去放大效果的机会。实力不一定是弱关系强的原因，与社会接触的行为习惯才是。最好的组合当然是，有实力+弱关系。

弱关系可以成就梦想。有个桥段是这样的："一位优秀的商人杰克，有一天告诉他的儿子……杰克：我已经决定好了一个女孩子，我要你娶她。儿子：我自己要娶的新娘，我自己会决定。杰克：但我说的这女孩，可是比尔·盖茨的女儿喔！儿子：哇！那这样的话……在一个聚会中，杰克走向比尔·盖茨……杰克：我来帮你女儿介绍个好丈夫。比尔：我女儿还没

第三章
— 社会情感的驱动 —

想嫁人呢！杰克：但我说的这年轻人，可是世界银行的副总裁喔！比尔：哇！那这样的话……接着，杰克去见世界银行的总裁。杰克：我想介绍一位年轻人来当贵行的副总裁。总裁：我们已经有很多位副总裁，够多了！杰克：但我说的这年轻人，可是比尔·盖茨的女婿喔！总裁：哇！"

这个说法肯定很极端，大家会觉得很可笑。但那个段子其实有深意，不能一笑置之。温和版的资源整合和对接情况其实经常发生。通过弱关系得到高人举手之劳的帮助，在聪明人看来，好像是不劳而获，因此有时嗤之以鼻。聪明人的特点是，一个萝卜一个坑，有多少努力做多大成绩，自己得到的，都是自己的辛苦和智力换来的，自己得不到的，也不认为自己应该得到。这样考虑问题，其预设是把社会成绩的获得看成是一个单纯的线性因果关系。

但是，社会是网络状的，在今天互联网时代尤其如此。一些人并不那么辛苦，但所获得的却极多。原因在哪里？在于社会网络资源。他们能够利用社会网络的平台，用这个平台和资源网，去撬动更多的资源。聪明人通常是用自己的努力和成绩，去撬动一些收入和名声。但如果他们也掌握了社会资源构建和经营的能力，就可以不仅用自己的努力，还可以用平台、用系统去放大努力的效果。因为是在网络中，这个效果是非线性的。

令人不快的是，我们的教育往往告诉孩子，不要钻营，不要在人际关系中浪费精力。有人的确把弱关系的管理当作钻营的途径，但这并不意味着所有弱关系都是这样，都应该主动放弃。如果不认识那些弱关系下的贵人，年轻人可能连好信息都接触不到。弱关系是如此重要，社会资源的网络必须刻意经营。唯分数论，唯成绩论，这是考试制度下的适应模式，本身无可厚非。但它仅仅适用于一场场的考试。分数依赖、成绩依赖，会成为一种路径依赖，这在一些时候是有效的，在一些时候则是无效的。社会不一定是考试。考试有确定的题目和答案，但市场、企业、家庭、民族、国家，却有各种新问题，还没有答案。在这些方面，会考试就一定能取得杰出成绩吗？不一定。

即使最后取得杰出成绩的，都是曾经会考试的，这也仅仅表明，基本智力对结果的影响很大。只是会考试的人中很小的一部分取得了卓越成果，考试能力本身并不一定预示你在踏入社会之后取得杰出成绩。少数成绩好的人取得了杰出成绩，不是因为成绩好，而是因为太多成绩以前和他一样好的，后来都很平凡。真实的原因在于他超越了既有的行为模式，打破了自己的路径依赖，从会考试转到会加强弱关系、经营社会资源，不仅用自己的力量，而且用平台、组织、系统的力量去取得成果。他乐于分享自己的资源，他虚心、归零，向其他人请教，学习不同专业的新思维，结交不同领域的新朋友。他不把自己曾经学习好当作获取资源的理由，他决不认为社会对他不公平，没有给他应得的，而是改变自己。专业方面，他依然优秀，但跟他一样在专业上优秀的人也许很多，也许是太多了，只凭借专业能力，也只能取得中等、至多中上的成绩。在已经具备一定专业能力之后，要迅速拓展社会空间，打开视野，善用组织、平台，不要沉迷于自己的聪明，不要陷入小知识分子的清高和孤芳自赏。甚至，要取得优秀的专业技能，也需要不断与高手交流，在不同领域中获取灵感。拼命地向下挖洞，从不哪怕在大专业的广度上横向拓展自己的视野，在专业领域做出成绩的机会也是不大的。

聪明人的问题

熟人之间相互了解太多；弱关系里的人，才具有与你显著不同的技能

第三章
— 社会情感的驱动 —

和资源。工商业社会要有成绩一定是团队合作的结果，个人做不了太大的事。独干几乎必败。而知识分子和小社区成长起来的人，往往习惯单干，全凭个人勤奋和聪明劲，但走不远。

少年时代的聪明孩子以解题为乐，以解题骄于人，这是天性使然。成人后待生活如解题，好生活＝好工作＋好房＋好车。三好学生的生活标准，你争优了吗？聪明人面对这个生活题，使劲猛干，以他人为工具，以自己为手段，确保目标必达。这还在少年时代的思维轨道上运行：要社会给自己出题，自己解答正确！

但人生不完全是确定的题目。从这里出发，向未来看，有很多可能的路。新的山顶并不真的存在，你创造了才存在。聪明人问，哪一条路更好？我只想问，你真心要走哪一条？你唯恐走偏轨道，遭人嘲笑；这种聪明只是在别人制定的标准下理性最大化，不能设立自己的人生主题。幻想与自足的价值都太少。

自己出题、自己创造，又谈何容易！从这里望出去，空空荡荡。每条可能的路上都隐约见到沼泽和荆棘，还有荒无人烟的原野。没有人曾经经历你的未来。不要一个人走。你的偏执，只够让你走进他们不敢去的沼泽。找一群不同领域的人，组织一个队伍，大家一起走过无人区。

无名指比食指长，只是聪明的 1.0 版。这个比例由激素控制，高则说明系统推理强于共情能力，低则说明共情能力高于系统推理能力。按照 Simon Baron-Cohen 对男女大脑思维差异的研究，系统推理与共情能力负相关（见 *The Essential Difference*）：关心身边人很多，创造发明与改变行业却很少；或者反过来，创造很多，关心身边人很少。

多数人是陷在自己的聪明里了，表现有（1）我觉得自己应该得到更多；

（2）我觉得自己的能力还不错；（3）从未有过团队经验；（4）总是在自己的大学专业领域之内工作。

　　一个人的能力总是有限的。20多岁时热血沸腾，凭借自己的才能，打拼一片天地。你会将自己的性格杠杆用到最大。善于编程就一直编。善于读书就一直读。勤奋、上进、苦干。30岁发现，其实自己能做的也就那么多。如你一样的聪明人太多，你一个人能把聪明人会编的程序会读的书会做的事全做了？

　　真正聪明的人不拒绝向优秀的人学习，他们不需要以独自思考来证明自己。他们总会寻找最好的信息源，吸收和利用。他们勤记笔记，听各种讲座，以正面的态度对待优秀的人。相反，自以为聪明的人，上课不记笔记，听讲座就说那个人哪里不好、哪里很假，且企图独自想出一切答案；他们用愤世嫉俗来证明自己独立。

　　超越了普通的聪明，是聪明的2.0版。天生无名指比食指长，系统思维能力强，青春期略有反叛行为；但家庭教养好或遇到了贵人，情商得到锻炼和引导，通过组织学生和团队活动获得共情训练。单纯的聪明和个人主义走不远。要加上后天教养和自我修炼，掌握共情，才能达到聪明的2.0版。共情聪明+推理聪明，是真聪明。

　　社会是一个多层系统，你却只用一个天生的基因和性格杠杆来撬动。一个杠杆会断的，不要把先天杠杆放太大了。人生是分段函数，成功是多层结构，必得有很多你天生并不具备的要素来配合。一定要放低自我啊！

　　人的改变有内因和外因。内因外因的二元分析法，不一定符合事实，但可以带来线索。内因是自己的人力资本积累，多学编程、统计、工程、管理、营销、逻辑结构等。积累多了，就有一些变化。能分析一些问题做

第三章
― 社会情感的驱动 ―

出决策，能解决一些问题带来收入。但你自己再聪明，也不能把什么事都做好。外因有时更重要。在你之外都是外因。一个人学还是几个人一起学？单凭自律你坚持不了太久，但几个同辈在一起却会你追我赶。人力资本往一个方向积累，再加入团队，做出需要多种技能的产品。加入公司，接入多层系统，与客户、政府、资本市场连接，其效果是非线性的。选择什么朋友、团队、公司，有时比个人才能还重要。

实力不是人脉的先决条件。不是先有实力才能培养弱关系，它们完全可以平行准备。以为有了实力自己会去经营弱关系，但这种事并没发生。一些中青年人，一直培养个人实力，从不善于甚至不屑于管理、经营社会资源网。他们觉得自己聪明一世，凭什么那些比自己傻、比自己笨的人反而取得了更大的成绩！他们不从自己身上找原因，只好埋怨社会，或仅仅以自己运气不好来辩解。实力是在自己控制下的线性积累，弱关系是高度不确定的网络效应，这两种思维高度异质。所以，先实力后人脉有可能为自我封闭背书。同时培养这两个能力才是最佳选择。实力和人脉都要不断练习、深度练习。人脉也是一种技能，绝不比解题、建模容易。

如何建立社会资源网络，如何找到一个好的组织？令人迷惘！好的组织、好的方向，自己还没到那个层次，往往看不出来。你在平面上，看不到立体层的人所看到的东西。这时，你得有人指引。你要结识这样的贵人。你要相信贵人的判断，跟着走。如果你总是固执己见，从自己有限的见识出发，不去哪怕稍微偏离习惯的视野，而把未来的一部分交给贵人来指路，那么你将永远困在这个层次里。

而且，贵人要愿意带你玩，带你进场，愿意在你身上花时间，觉得你是好学的、可教的、可带的，才给你进入新层次的门票。因此，这是一个交互的信任过程，在此过程中，你们有共同的理想、感受和判断。因为这种共同的感受，你才不怕做出选择，去以前你没去过的地方、你的朋友们没有想过的方向。

别人信任你，才带你玩。信任靠频繁接触，都是自己的队伍。你有能力，但你跟错了人或游离在外，也没有上升空间。公司的老大通常最有想法，你主要是执行，不是提出什么想法。你要真有想法，还能放手做，那是老大信任你。如果你不跟老大接触获得信任，光凭能力，老大也不会放心让你做重要的事。

除非被危机逼到走投无路，老大不会轻易把资源交给不是自己嫡系的人。你清高，不跟老大混熟，那你就没有掌权机会。你要真有想法，不想听指挥，觉得他们笨，那你辞职自己出来干就是了。当然，如果你连能力都没有，获得信任也没什么用，老大还是会抛弃你。他不抛弃你，公司也迟早会倒闭。

能力是自己的事；在北上广深，有本事的人多了去了。信任和资源支配权移交，是组织的事。很多读书分子、清高分子总是觉得自己有本事，怎么不受重用，好像就自己稀缺。只有理论思维，没有社会情商，幼稚得很。年纪一大把，还是老愤青，陷在小我里。要跟着组织走，跟着决策者走，跟着大政方针走。

在美国进不了主流圈子，才会社会关系简单，因为别人根本不带你玩。你吃苦耐劳乐意被榨干，那他们当然对你友好。除了暂时在硅谷和曼哈顿工作的，其余的人都要尽快回国！丢掉了中国平台和中国关系圈，你未来整个家族都上不去。

人是自然和社会演化最伟大的奇迹。没有充分发挥自己的潜能，没有

第三章
— 社会情感的驱动 —

接入不断发展的新平台、新前沿，没有为行业、为社会做点事情，悔恨是不可避免的。始终要注意个人小目标与国家大目标的协调，这样，你的系统才能高效而持久地运作。

强烈推荐的五篇文章

文章1：留学成本巨大难收回海归称买房已翻数倍。

(http://haiwai.house.sina.com.cn/news/10575)

"因为我们当初根本没想明白为什么走，所以回来才会茫然。当时大家都出国，家长也跟风让我们走。在亲戚面前，谁家孩子出国了就有面子，就是成功，谁没留在当地就是失败。没有人去想着规划职业、规划人生，所以回来才会茫然。"王天宇认为这是自己留学"悟出来的最大道理"。

"留在国内的同学，很多人是乐观的，因为生活每一天都在向更好的方向变化。大家聊着谁买了新车，谁买了房子，谁有了孩子。而我们一切还是零。他们在职场上吃的苦，和我们在外面吃的苦，是两回事。但我们的苦并没有换来更多的回报。"

评：一个人再聪明，聪明不过时代。请把自己的学识接入中国平台。

文章2：猜中开头猜不到结局，聊聊我的同学们选择外企、央企或企的十年之后。

(http://bbs.otianya.cn/cgi-bin/bbs.pl?url=bbs.tianya.cn/post-funinfo-5435344-1.shtml)

"学习好的人有个毛病，就是把自我价值和自己的努力成果挂钩，自己干出来的活太恶心，自己都受不了。而干活干得比别人好，就觉得自己比别人优秀。我不屑于勾心斗角，我不屑于算计，因为我努力工作，所以我有资格享受这一切。最终成了优越感。"

评：学习好的人，一分努力一分成绩，理性强。但为什么他们工作后也不一定有多出色？聪明人多、竞争激烈是一个原因。但真正原因也许是单打独斗的自我价值观，这让他们成功，也成为限制思维的黑暗力量。他们想不到，一个人能做的事其实有限；多年的奋斗结不出可观的果实，并不是因为职场险恶、社会不公。

文章3：这个时代"寒门再难出贵子"。

（http://wenku.baidu.com/link?url=OYq1X4rzYqLF_C9PgWTSF88g9FAsfHc_Mc8JW5YhpXnaKuDmziNBw0pcZW2V-F3QKpxSZuk-ElT7rhkmitoJHzq4-eQkl2wkLh8bfbH21A3）

"一，来得很早的孩子，大多是农村的孩子，因为他们重视这是一生中第一次离开学校去个正式单位实习，会很重视，因为是学校推荐，自然会打电话给家里，家里父母能给予的指导无非是好好珍惜，学校重视，第一天要早去，这一类的教导，自然来得最早的是这些孩子……但是都紧张，和我们几乎无交流。二，进来和我们打招呼、并且还有倒水的那几个孩子，无一例外，父母都是在党政机关工作，真的很准。三，进来大大咧咧，还开几句玩笑的几个孩子，家里都是经商，可大可小，但是父母身上那种灵活态度的熏染，在身上能看出影子。四，还有那么两三个，感觉挺冷傲，相对自信，对我们是属于那种不卑不亢的，这几个无一例外的属于大城市知识分子家庭的孩子。"

评：寒门子弟如何培养？很难培养。见识少就目标简单；为求生搏斗，脑子里的东西就乏无新意。他们需要机会、信息和工作！先养活自己、等生活有着落，才有时间想其他。养活自己其实不难，难在不断升级。贫穷不怨他，父辈不努力或努力却失败，但也不能怨过去。他们必须扛住黑暗

第三章
— 社会情感的驱动 —

的闸门，向新生的地方去。

文章4：弱联系的强度：人脉、信息和创新（by 同人于野）。

（http://www.geekonomics10000.com/668）

"'弱联系'的真正意义是把不同社交圈子连接起来，从圈外给你提供有用的信息。根据弱联系理论，一个人在社会上获得机会的多少，与他的社交网络结构很有关系。如果你只跟亲朋好友交往，或者认识的人都是与自己背景类似的人，那么你大概就不如那些三教九流什么人都认识的人机会多。人脉的关键不在于你融入了哪个圈子，而在于你能接触多少圈外的人。"

"弱联系理论的本质不是'人脉'，而是信息的传递。亲朋好友很愿意跟我们交流，但是话说多了就没有新意了。最有效率的交流，也许是跟不太熟悉的对象进行的。"

评：这是一篇非常好的科普文章！

文章5：为自己铺路。

（http://wenku.baidu.com/link?url=lbU5i0B1jwQKpA-quEYImMYfI5P-Gk-eryJENATsxq2B_tSY9q2CfHQJzfzESBoDG-eRGVW2CZhGcG7NyMm8x4LLvfoD4WbBQDoHeCYiN8W）

"学校是不会教育你如何为人处世的，即便有思想品德课，老师也只是讲讲空泛的道理，而你也未必就真听得进去。真正的做人的教育在哪里呢？全在家里呢！每个父母都有自己习惯的一套做人方法，他也习惯性地把这套原则方法传授给孩子，因为他觉得这样做是对的，否则这辈子就不这样做了。但许多普通的父母就没有想到，他这辈子的不成功是否和自己的为人处世方法有关呢？如果有关，那他还能把自己的老一套再教给孩子吗？

让孩子也一辈子不成功？

其实为人处世这方面教育的缺陷主要体现为：（1）重小利；（2）不善交往；（3）做人做事缺乏技巧。重小利本身并没有什么大不了，只是争夺小利会损害人际关系，让周围的人对你有意见、有看法，而人际关系受到损害势必会影响你在重大利益上的得失。这样一进一出，最后就不划算了。不善交往也是一大问题。父母自己本身就不善交往，甚至是不喜欢交往，孩子在生活中根本无从观察人际交往的细节和正确方法。"

评：这篇文章非常好地反思了家庭教育对子女的行为和思维模式的影响。

第三章
— 社会情感的驱动 —

动力、方向、技术

（2015年5月）

理论改变理论，行动改变现实。我以前着重于概念、理论和框架，对澄清思想有意义，但并不能作用于外部现实，现在我则更关注行动。如果你要求每个行动都要有理论来支撑，你会寸步难行，因为很多事来不及找到可验证的理论。不是不应该找，只是生命短暂来不及找，你要此时此刻做出决定，等不到理论成熟来支撑你。而且，即使理论的每个层次、每个层次的每个环节，都是可量度、可操作的模块，这些理论也只是勾勒了虚拟的地形图，你还是必须从此时的落点到达你未来的驻点。理论并不能帮你省略这些行为进程。有些人觉得自己想清楚了，所以就不去做了，好像结果已经在手。这是错觉。理论只是勾画可能空间，行动才改变现实。健身理论懂再多，也不能帮你练出腹肌。恋爱理论懂再多，也不能代替实际的恋爱行动。腹肌是练出来的，恋爱是谈出来的。没有理论，只是试错，也可以行动；如果幸而有可验证的理论，行动的效率会更高。理论能够帮你加快速度，但不能省略所有行为进程。本文是行为的地形图，分为动力、方向、技术，分别解决三个问题：你为什么要行动？（why）你朝什么方向行动？（where）你如何行动？（how）

第三章
社会情感的驱动

动力

平民子弟来到大城市,看到别人享受的小康生活,也想拥有。别人能做的事,为什么自己不能做到?动力在社会比较中产生。目标就是城市的同龄人。他们可能在交往上疏远城市孩子,因为觉得不是同一个圈子,但自己会刻苦努力,争取达到城市人的生活水平。努力可以是一种美德,也可以是社会地位低的必然要求。刻苦,可以每天学习,从早到晚,周末也不休息,拼命读书、白天黑夜在实验室、办公室第一个到最后一个走。莫欺少年穷,努力奋斗会带来回报,过上城市的小康生活。城市孩子的父母当年也是这样过来的。大家都是这样过来的,一代又一代,没有例外。很少见到平民子弟的颓废心态,因为差距实在太大,都无法用社会不公来自欺。但也有极少数人试图为自己的地位找到一个阴谋论的解释,即用一个中央控制者、意向行为者(intentional agent)来解释一切事实,以为是富人不仁、官员腐败、体制腐坏造成了自己的贫困命运,那就会变成一个愤青。由于原因是模糊的政治字眼(不仁、腐败、腐坏),因此该理论原则上不可能证伪。行为上的效果是,他自己什么也不必做,反正社会是这样恶意的。通过对照实验也可以看出这种观念的荒谬:如果社会对他这个阶层的人普遍恶意，何以处在同一阶层的人还在努力读书，最后使自己升级。一般地，对任意一个阶层的人，都有两种行为选择：看到社会地位差异，努力向上；认为社会地位差异是社会或体制恶意造成，自己努力也没用，自己看不到改变的出口，自己不做出任何改变行动，颓废、无所谓、听之任之。解救办法就是让他自己多看，上海、深圳、广州、北京，各个地方跑一跑，亲眼所见，也许能够激发人类美好的情感。只有见得少，才会如此狭隘。只有思维上的不知反省、观念上不知检验，才会导致意识形态单一。

大城市长大的孩子，有两个极端，要么全面优秀，要么颓废，这两者都是少数，多数居于两者之间，即维持现状。这些孩子从小衣食无忧，给人的感觉是不像小地方来的普通子弟那么刻苦。他们也许佩服对方的刻苦精神，但自己并不这样去做。普通子弟辛苦追求所要得到的东西，他们早已从父母那里获得，并不需要付出多大努力。大城市孩子给自己的父母一种错觉，普遍缺乏父母当年那种奋斗动力。父母当年是奋斗过的，所以才有孩子的今天。但父母奋斗就是为了孩子不要吃那么多苦，所以，孩子现在不像父母当年那样刻苦，似乎也很合理。但父母可能期待孩子更上一层楼，因此将家族目标灌输给孩子。孩子基于人性的惰性，会反抗。这就产生了所谓的青春期逆反心理。父母那个时代的奋斗模式和职业选择，在 20 年后不一定适用，甚至通常不适用。因为物质匮乏、生活必需品稀少、信息贫乏的环境已经不复存在，单纯吃苦并不能改变自己的社会地位，个人努力的边际收益递减，最多只是在同一个社会阶层爬升一点，吸引力不大。一种选择是得过且过，享受生活。既然无法超越父母创造的生活水平和社会地位，那就维持好了，维持又不需要太多做什么，生活也就没有激情。平常就晒晒旅行照片，开始是国内旅行，然后是国外旅行，旅行意味着有钱、

第三章
— 社会情感的驱动 —

有时间，晒的客观效果是显示自己的社会阶层。有些人觉得晒这个也没什么意思，不需要向别人显摆，也不需要羡慕什么人。这就是无所谓。颓废则是这种选择的极端，打游戏、泡吧、泡夜店、开豪车、不务正业。不是孩子变了，而是孩子没有动力，失去了目标。

但也有少数孩子选择了继续向上，结果导致全面优秀，家庭环境好、人长得好，而且还努力。最可怕的就是比你优秀的人比你还刻苦。为什么会这样？父母教育得好吗？这些孩子的父母似乎也没有刻意灌输什么家族目标给孩子。什么因素导致了这种行为差异？动力。动力来自什么？动力可能依然来自社会地位比较。这些孩子在学校和成长过程中，看到了更高的社会地位阶层。有钱的认识了更有钱的，有文化的认识了更有文化的，聪明的遇到了更聪明的。这与普通子弟到大城市想往上多走几步没有差别。这样的孩子很勤奋，去中国最好的学校读书，再上世界最好的学校，找最好的公司的工作，做行业最顶尖的人才，在父母已有的水平上，更上一层楼，达到行业一流水准。

动力更有可能来自崇高目标的激励，是一种人生的崇高美学。伟大的人物可能引起崇拜，让人心向往之。孩子在成长中遇到世界级的或中国一流的科学家、思想家、工程师、企业家，受其人格魅力感染，会成为其忠实拥趸，以之为榜样，以之为目标，不断前进。据说伟大人物的传记也有类似的效果，但如果能与伟大名人亲身见面，效果将更为强烈。巨大的人造场景也会引起强烈的心理震撼。孩子从小跟随父母或其他长辈见过很多大场面，例如，重型机器、连绵不断的生产线、海量的设备，让人久久难以忘怀。这种场面不是沙漠、海洋、极限运动所能相比，因为自然的风景依然有其自然的边界，无法激起人心中无穷的想象。但人类创造的大机器，却能激起人的雄心，在观念上没有边界，任你遐想，任你创造。如果你没有走过钢铁厂几公里长的生产线，你很难感受到钢铁工业的伟大。亲眼看到万吨油压机，把火热的铁球锻造成形，你会激动不已。亲身感受、耳濡目染、入脑入心，震撼是非同凡响，终生难忘。见识与经历，是获得动力的重要途径。单纯读书，很难产生如此强烈的内心激动。人的动力来自情绪、激情、感性，人的动力不来自理性、分析、计算。小时候说要做一个科学家，但那是书本上的，只在纸上看过，不算数的。如果你小时候真的见过伟大的科学家，并与之交流、受其鼓励，那你的动力系统是完全不同的。

温饱之后是小康，小康之后是行业一流，行业一流再上一层就是社会高层，取得很高的社会尊重，在社会的层面实现自我。行业一流的人，如同任何一个社会阶层的人一样，也有三个选择：继续向上、维持或颓废。维持是常见的。维持就是坚守祖训，严守家规，兢兢业业把已有的事情维持住，不必太辛苦，但也没什么热情。颓废是知其不可，故而无为。明明知道父辈的成就很难超越，自己又有些独立的想法，每次都被父辈批评，因为得不到欣赏，也看不到升级的希望，就颓废了。越往社会上面走，突破阶层越困难，其难度呈指数级增加，因此，这种做法也不一定是不理性的。但也有人继续向上，带动整个行业发展，甚至重造生态系统。这些人是真信理想。没有理想，他团结不住人。单靠个人努力，改变是很有限的。单靠团队合作，改变多了一点，但只是在系统内部优化。靠群众、靠大众，才能重造整个生态。他们都是伟大的企业家、科学家、工程师、思想家、政治家。理想从哪里来？豪情从哪里来？社会地位的差距似乎不是根本动力。更多的来自于社会名流的交往，来自人生的榜样，来自人生的崇高美学感受。马云在获得杭州市优秀教师的称号以后去了硅谷，受到巨大的触

第三章
— 社会情感的驱动 —

动,回到中国,要让天下没有难做的生意。段永平见了巴菲特,受到巨大的激励,另开一局,开始互联网投资。如果你有机会与世界顶尖的人才相处、在世界顶尖的智力密集区域生活,你所受到的心理冲击是巨大的,这不是书本甚至名人传记可以传达给你的。你必须在现场,亲身感受,让热血上涌,让内心震撼,好几天都睡不着觉,被自己的梦想折磨着,什么别的事情都不想做。

这里的四个层次,与马斯洛的需求层次基本对应,不过用演化心理学和社会演化论做了一些改造。温饱对应人的生理需求,小康对应人的安全和稳定的需求,行业一流对应社会关系的需求,社会高层则对应社会尊重和自我实现需求。人的需求是一层层升级的,社会的发展水平也是一层层上升的。每个家族都要经历这样一个升级过程。要注意,理想是奢侈的,要一级级来,不要越级,温饱阶段就想小康,别想改造行业。小康阶段就想行业一流,别想天下。越级提升,那是好高骛远、不切实际、贪多务得。逐级提升,才不至于被自己的热情所诱骗。热情可以是一个大坑,也可以成为巨大的动力。

个人努力不是资源占有的通行证,家族积累才是。有人说,优秀与占有社会资源无关,对的,如果优秀是指你个人的成绩的话。资源占有是金字塔式的,符合幂律分布,多数人和家族处在社会中下层,少数人和家族处于上层。如果你恰好出生在了普通阶层,那么,请扛住黑暗的闸门,向新生的地方去。如果你恰好出生在了中上阶层,要记住继续向前,带领社会整体前进,也为下一阶层的人提供动力目标。如果不能最大程度开发和利用自己所在社会阶层的潜能,那么,你就是辜负了它。没有人会真的尊重你。你落在哪个具体的阶层,这是投胎问题。没有人应该因此责备你或赞扬你。唯一要给予责备的，是你没有努力从这里再向上。唯一要给予赞扬的，是你努力从这里再向上。我们在意的不是你我此时此刻的社会阶层，而是你利用它做了什么。雄心、理想、激情，永远是人类的动力。理性、分析、效率，都是它的手段。为生活小康而挤地铁的上班族，不是你要同情的，他们为改善自己的生活所做的努力，才是真正的重点。任何一个阶层，没有为提升自己而进一步努力的，都不配享有我们的尊重。任何一个阶层，只要为提升自己而奋斗的，都应得到我们热烈的掌声。

本节最后是一个哲学问题，渔夫晒太阳的故事。渔夫在岸边晒太阳，有人问他为什么不出海打鱼，问了一圈为什么，最后是为了在海边晒太阳。渔夫很狡黠地说，现在不正在晒太阳？言下之意，不必打鱼、不必出海、不必做任何事。有些人觉得这种对话很机警，难以反驳。但简直太容易了。人都是要死的，难道因为最终殊途同归所以今天就去死？人生就是要战斗到死。也许最终一切都是增熵，也不妨碍有些人、有些事在有些时候是减熵。人类要的就是这段璀璨时光。

第三章
社会情感的驱动

方向

动力最难培养，没有学校可以教你，世界上没有这种课程。它肯定不是理由问题，甚至不是选择问题，而是信仰、理想、强烈的认同感，没有什么理由，没有什么步骤，你必须看到、听到、感受到，要么身边有这样的榜样，要么实地接触，除此以外，没有其他方法，让你产生强烈的感情、崇高的美感。事实上，最强的动力，也许与基因异常和性格偏执有关，聪明人只是他们的跟随者。成为伟大趋势的跟随者没什么不好的，肯定比任凭自己接管人生，落在80%的人待的平台要好。找到这样的人、找到他们所处的地方、找到他们所在的行业，这就是方向。方向是信息问题，与行业内的先进群体保持联系，你就能捉摸到。相对于动力，它有更清楚的模式可循。

找方向不是重复。重复只是边际改善，是从1到n，不是向上升级，从0到1。重复是在同一个层次之内兜圈子，看起来很忙碌，但其实是效率低，事必躬亲，在次要的事上花了90%的时间，在重要的方向问题上却仅仅只用10%的时间迷惑一会儿，然后又退回去。重复的生活，看起来也很勤奋、刻苦，但心智模式并未更新，只是动作重复、习题重复、工作时间表重复。

因此，重复是一种心智偷懒。

有些人想改变平庸的自己，但找不到改变的方法，很迷茫。迷茫是一个笼统的状态，可以分解到可操作的子模块。所谓迷茫，首先是找不到方向，其次是找不到做事的步骤，后者是技术问题。如果你生活在一个都是平凡人组成的社会微环境中，身边没有一个特别优秀的人，你也没有读过任何历史或社会名人的传记，那么，要有方向是很难的。方向首先来自跟随，而不是独创。很少有想法是你自己一个人完全想出来的，即使是从0到1的无中生有的创造观念，也是在一个小群体中碰撞、讨论、吹牛出来的。问题是不要跟随平凡大众，而是跟随一小组优秀的人。按现在流行的话说，你不要停留在信息末梢，而要身处在时间源头。

从演化设计的角度看，越独创、越源头的，其设计越复杂、越精致，因此单凭个人摸索到达的概率也就越低。你在童年时可以自己凭空折出一个纸飞机，但你无法仅凭个人努力在30~50年里造出真飞机。你绝对是做不到的。飞机所包含的知识和技术设计太多太多，穷一生之力，你不可能独自发明其中所有设计。如果你要在飞机制造领域做出成绩，就必须跟随优秀的飞机制造工程师学习多年。时间源头就是设计复杂度最高的地方。设计复杂是因为要素众多，且层层编织。外人即便把这些要素都平面地罗列在一起，也无法完成多层组装，让它运行起来。一个复杂的设计 D 可以这样表示：$D = f_1(abc)$，其中 $a=f_2(i, ii, iii)$，其中 $i=f_3(\alpha, \beta, \gamma)$，其中 $\alpha=f_4(甲乙丙)$，层层分解，直到可以直接获得的原料。这里，f_1、f_2、f_3、f_4 为各层的调用函数。这些都是很难靠自己学习的。

逆向工程通常只能追溯若干层次的设计，设计的层次越多，逆向工程就越困难。给你一台电脑，让你返回电脑之前的时代，你很难就凭自己再

第三章
— 社会情感的驱动 —

制造另外一台电脑，估计一千年也不行。也不要因此就认为正向开发就很容易。从底层材料一步步组合、设计出复杂的机器，整个生产步骤并没有一个天才或神迹般的设计者，没有一个全能设计者、没有一个全纵深的控制者，伟大的人也只是提高了其中 1 至 2 个层次而已，行业内所有人一代又一代的积累、试错、淘汰、组合，才在现在组装出了令人惊叹的产品。人类制造出可用的汽车、飞机、个人电脑，都花了几十年的时间。这是说，不要仅凭个人的力量，在那里还原整个行业、整个学科的成就，能在正确的位置和方向上添砖加瓦就很好了。

高难技能的获得、新模式的创造、工业文明社会的建设，与复杂机器的制造的道理是一样的。你不会相信单凭自己就可以做出这些成就。所以，请不要无脑地贬低数学家、科学家、技术专家、健美专家、娱乐专家，不要无脑地贬低曾经创造伟大模式的大企业，不要无脑地贬低伟大的工业中国或美国的管理者和决策者。换你上，你除了破坏，啥也做不成。明白伟大社会、商业模式、高难技能的设计十分复杂，你才会客观认识自己的能力水平和社会地位。我曾遇到二十来岁的青年，也许我们当年也这样，认为康德是错的、马克思是蠢的、林毅夫是有缺陷的。也许吧！只是这些人连给他们提鞋都不配。凡是你看到那些用言辞攻击伟大的思想家、科学家、政治家、企业家或工程师的人，你就要知道，他们故意把复杂的设计贪婪地还原为两三层设计，然后就说只要这样或只要那样，就可以得到这些伟大设计了。那些民间哲学家、民间科学家、民间经济学家、民间政治家，统统都是这样。凡是有这种思维模式的，你永远都不要听。他们自己不自觉或者故意利用人类天生的意向行为者思维，把所有复杂的设计都简化为一个简单的设计。当他们不理解对象的伟大，他们便用愚蠢的攻击来拒绝思考。我从来没有见过比他们更蠢的人。

　　找方向就是要找到复杂的设计。但我们多数人一开始接触的都是简单的设计，平凡人本来就是最常见的，不然何以称为平凡？我们多数人都生活在一个普通的小区、一个普通的农村，二十年前甚至十年前，绝大多数中国人也都生活在一个平凡的社会。好的榜样都在书上或在电视剧中、在新闻联播里。青春期时我们都会崇拜偶像，唱歌的、跳舞的、开飞机的、造飞船的，等等。这些理想很快就会没落，不是因为你忘记了初衷，而是因为他们都离你所在的环境太远，你怎样也无法从你这里到达他们那里。他们的成就也太巨大，你看不到自己可以怎样努力才能达到那种高度。因为找不到路线图，你会感到挫败、沮丧，甚至自暴自弃。相对现实的道路是考上好大学。那时，考上好大学，就算不得了了；毕业后还能去得了发达国家，就算是出人头地了，家族坟头冒青烟了。这些过去的观念影响了教育者和父母们，决定了他们所培养的子女的思维水平。这不能算错，因为当时只有那个基础。现在不一样了，很多人还在老调重弹，那就不对了。现在，在中国读本科，中间出去交换一年，要比完全到美国读本科要更好；在美国读完本科或研究生以后马上回国发展，要比一直待在美国要好，甚至比先待几年再回国也要好。我把这个判断放在这里，看10年后，前一批人是不是比后一批人更有成就。因为中国是未来的方向，美国是过去的方向。今天，你站在北上广深，你就是站在社会设计、企业设计、技术设计、文化设计最复杂的地方；你不知道，不说明事实上不是这样，你不知道，只是说明你不在最有创造力的那一拨人当中。也许在知识和基础科学上还有点欠缺，其他方面中国已经和正在领先了，就如美国在1920年代其实已经领先英国一样。最主要的一点是，中国足够复杂，要做成事情，需要很多

第三章
— 社会情感的驱动 —

设计；复杂的设计，就是新的方向。你不能等在本地工作的人都设计完了，看到情况明朗了，才回来，那时大局已定，行业座次排完，机会已经没有了。

所以，在中国走出平凡生活的第一步就是到北上广深，或者弱一点的，到国家其他区域中心城市，到这里的学校读书，到这里的大企业工作，到这里生活，到这里结识各行各业的中青年优秀分子（这些中心城市包括：北京、上海、广州、深圳、天津、沈阳、武汉、成都、重庆、南京、西安）。他们就处在各个行业的潮头。你要认识他们。能在快速变化的中国的这种大城市里生活和工作，其能力是复杂的，其知识和思维是多层的。怎么认识他们？他们在学校里、企业里、微博上、微信公众号里，他们在2000年以后出版的新书里。他们还有很多在政府里、在国企里、在军队里，接触渠道就很少了，多数人也没有这个想法。即使有这个想法，也没有这个家族传统，所以还是别在这方面积累了。你的那些治国高论，他们其实统统都知道，而且知道得比你多得多。别担心你的意见不被重视，社会就如何如何了。地命海心是一种自大病；你那不是海心，你在社会方面的思维和经历根本到不了那种复杂度，你那只是池心、塘心、堰心，你那纯粹就是后海心。

接着是膜拜、跟进、学习。不要一开始就接触最厉害的人，因为你会被过度震撼，以至于失去模仿的愿望。你一开始就模仿林毅夫，这不可能，相对于20来岁的年轻人来说，他过于优秀了。他应该是你拿到经济学博士以后要模仿的对象，再过10年、15年，升2至3个平台，也许你能摸到他那个高度，但30岁以前，可能性小到可以忽略不计。你实际接触的，最好是那些在行业内有十年经历、水平很高的人。十年磨一剑。一个人在自己的专业领域钻研了十年，又在名校、名企工作，受到同行尊重，是刚起步青年人的最佳模仿对象。他们应该比你大 8~15 岁，不要超过 20 岁。按照 10 年成才的经验规则，这些人刚好比你高出 1 至 2 个平台。遇到比你大 30 岁的人，你只能跪倒，然后自己觉得永不可能达到那个水平，因此就放弃了。你放弃了，因为震撼过大，你进入了心智恐慌区。遇到大你 10 岁左右的人，你就可以膜拜、模仿，而不至于跪倒。对方说什么书好，你就读什么书。对方说什么企业有前途，你就去什么企业。可以想为什么，但要一边行动一边想；切勿等到想清楚为什么再去做，因为那时，进入时机可能已经错过。有人担心他们不理自己。这点是可以放心的。这些 30 来岁的人，水平已经很高了，但社会认可度并不高，要放下架子，教一些低水平的人，也不愿意，正是所谓高不成、低不就的尴尬年纪。这时，一个爱学好学的年轻人横空出世了，恭敬有礼、思维活跃、步步跟进，他们会很高兴的，手把手教你。等到他们出了大名，你还有这种机会吗？

这种做法相当于有人所说的认知学徒制。跟着比自己大 10 岁左右的青年人，做一个学徒。单纯读他们的文章和书籍，为什么不够呢？你不容易看出其中的重点，因为其中的内容构造太复杂，你会被各个要点牵扯注意力，你以为每句话都很重要，其实不是。其中有特别重要的，约束着另外一些；有优先级高的，约束着优先级低的，这样一层层的构造，就是复杂的设计。文章、产品都是平面的、放在眼前的，但你要高手亲自提点，才能一层层明白多层设计的重点。

什么时候超越对方的层次呢？一开始想这个没用，大概要有 5~7 年以后，你到了那个水平，对方却可能不再前进，而在同一个层次徘徊。你总是跟这个行业里最优秀的青年人、然后是中年人待在一起，到了你 30 岁左右（出身环境好、从小见识多的青年人可能在 22~25 岁左右），你可以找到

第三章
— 社会情感的驱动 —

升级的方向,并行动起来。这不是在一个确定条件下对现有系统进行效率优化,而是全面提升现有层次。多数时候,这种升级是从外围某个不起眼的边缘处发起攻击,重造整个系统,少数时候是高强度高频率的使用已有方法,逼迫它到达其边界地带,让它崩溃,然后找出新方向。考虑一下这个说法:"电信万没想到竞争对手会是腾讯,银行也万没想到,竞争对手居然是支付宝。"系统重造的程序完全来自另外一个维度,好比 matrix 的升级程序不来自内部,而是来自 zion。这个是非常可怕的。我自己研究康德哲学也有类似体会。真正可以改造康德认识论的不是康德之后的哲学家,而是像图林和西蒙这样的认知科学家。真正对我 30 岁写博士论文帮助最大的研究者也是 40 来岁的 Shabel、Hanna 等人,而不是 60 岁左右的著名学者。

思想的革命是这样,行业的变化也是如此。我写过一个事实陈述:"2000 年,好学生去了外企、四大会计事务所,在光鲜亮丽的国贸。一般学生待在土里土气的中关村本土公司。2005 年,好学生在风头正劲的诺基亚和卖衣帽鞋袜的土鳖公司阿里巴巴之间选择了诺基亚,一般学生没办法去了阿里巴巴。2010 年,有人留在硅谷,有人来到 BAT。2015 年,新一波优秀毕业生去了 BAT,普通学生去了工业电商。"成熟行业的设计也多,但发展空间小;还不太成熟的行业设计需求度极高,发展空间巨大,为了生存下来,新设计发展的速度极快,逐渐赶超甚至取代原来停滞不前的模式。对于传统能源和工业领域,新能源和行业互联网可能也正在做同样的事。这些都是青年人值得高度重视的行业方向。只会读书做题的好学生,如果不跟业界接触,可能并不明白当下最重要的趋势在哪里。行内的先锋分子其实是明白的,但业内多数普通人对之观望犹豫,甚至不屑一顾,外行更不得门径。政府高层和新闻联播是明白的,但是很多人不把这当一回事。政府的确也会犯错，但要比普通人犯错的概率低。而普通人不犯错，更多的是因为他们不会尝试新路，而是重复日子。

这样来看，要升级原来行业、创造或跟进新趋势，就要跟少数该行业或相关行业的青年优秀分子经常待在一起。但他们是否会先你一步做完你想做的事呢？不一定。他们能判断出新趋势，但其中多数人也不一定放弃自己的既有工作和业内地位，去尝试新工作，因为他们已经有了一定程度的既得利益，边际收益不一定大，或者他们的积累还不够多，还要还房贷、要养家，不能承受失败的风险。而你则没有沉没成本，可以一往无前。即使失败了，你也没什么损失，因为在新工作中你至少锻炼了能力，与其他同龄人一样；一旦成功，你的收获可能极大；换言之，你的数学期望收益很高。

所以，首先是到大城市，然后是实际接触比你大 10 岁左右的人，跟随他们学习，5~7 年后听他们谈到新的趋势，他们中的一些人也许不会采取行动，但你去行动，这样就可能超越。

还有两点需要注意，精神抽离与代际迭代。有一些极为杰出的人会非常吸引你的注意，膜拜之外，要注意抽离。在大学里，总有一些资深教授对自己的专业非常热爱，研究了二三十年，着迷得不得了，研究得非常好，他们的人格魅力和精神力量强大无比，你会情不自禁地受到巨大的牵引。如果你想在该学科内发展，可以跟随对方的年轻时的脚步。但多数人读完书以后到企业和社会中工作，因为教职竞争过于激烈，没有足够浓厚兴趣的人不要去尝试走这条路。所以，这时也要注意摆脱对方的精神引力圈。这时，学习之，力争在专业方面达到对方的部分水准。以后呢？抽离之。对方的目标，不需要成为你的目标。对方的理想，不需要成为你的理想。

第三章
― 社会情感的驱动 ―

他将为那些目标和理想奉献一生，你却还有其他事情更吸引你。抽离是保持精神的距离，不是完全的疏远。你要像对方在自己的专业那样，奋力经营你自己的方向。

在一代与另一代人之间，也有行为模式的差别，不能照搬上一代优秀分子的做法，要注意迭代。比你大 30 岁的人，在职业方向甚至生活方向上的指引，在平稳缺乏变化的社会也许有效。但在快速发展的社会，也许效度不高。在快速发展、逐代升级的中国，各代人的主流模式正好与人类需求层次大致对应。50 后 60 后重视吃喝等衣食住行的基本需求，与最广大老百姓的主流愿望相符；60 后 70 后重视房子、稳定的经济和社会秩序等安全环境，与城镇人口的主流愿望相符；改革开放后的 70 后 80 后重视品牌、群体认同，与大中城市的中产阶层的主流愿望相符；90 后重视自我体验、参与和玩，与超大城市的先锋群体的主流愿望相符。基本上，一代人解决一个层次的问题，几代人建设一个新的伟大工业文明。大城市 90 后不会像 70 后 80 后那样读书，为什么？他们放心地把知识生产的任务交给前辈。他们负责玩，玩出一个新经济。70 后跟 90 后谈读书，就像 60 后跟 80 后谈房子一样，令人感到无聊、没趣、讨厌。

那些 35 岁左右的人，如果还要改变自己的行业，应该跟谁一起工作呢？跟没有牵扯的 25 岁左右的年轻人一起。他们的同龄人大多深陷于养家糊口的重复日子当中，没有更多的精力来处理复杂的行业改造工作。

技术

有了动力、找到方向，你还需要技术。就如基因天赋、家族积累一样，技术也是一种资源。你总要拿特定的资源，与外界做交换，在市场找对价。技术是后天习得的资源，有个人和群体两种技能。自己通过即时反馈和深度练习获得个人技能。但因为市场允许你成熟的时间太短，你不可能在所有技术方面都很优秀；又因为人生苦短，你想更有效率，你就需要一个团队。好团队的效率是个人总和的3倍、10倍，甚至50倍。

个人获得的技术是自然技术，或者说知识技术，例如健身、跑步、打球、唱歌、做题、编程、逻辑结构思维、元学科框架、行业分析、产业链系统。由于它利用的是亚个体的（subpersonal）认知模块、行为和观念程序，它其实也是这些模块和程序的组织技术。这种技术涉及理商（狭义智商，systemizing intelligence）。群体获得的技术是组织技术，把合适的人安排在合适的位置上，例如两三个闺蜜聊天、三五个哥们组团打怪、七八个合伙人做成一个项目、150人形成一个高度团结的部落、几百上千人的委员会或议会管理一个社会，等等。这种技术涉及情商（emotional intelligence, sympathizing intelligence）（推理和共情这两种智力的论述，可参考Simon

第三章
—社会情感的驱动—

Baron-Cohen 关于自闭症和两性差异的研究）。

理商是系统推理和控制的能力，按照理商，事物甚至人，都是对象，可以操作、控制，它把自己的行为、语言、情绪当作可用的资源，然后调控它们，以达到特定目标。这是典型的系统控制的心智模式，在外部表现为严于律己。理商 1.0 版在对待人时认为，别人是跟自己一样的，怎么对待自己，也怎么对待他人，对自己严格要求，对他人也用同样的要求，严于律己、严于待人。这是典型的错误，对人性的差异认识不够。理商 2.0 版清除了这个 bug，假定存在多个独立的不同的功能需求体，求解如何满足各个人的功能需求。但这时他依然把人当作工具，只是当作一个有不同需求的工具，而不是真的把人当作有独立情感的人，他在思想中把握对方，不会把自己调到别人的频道上，对他所不理解的对方情感，他通常忽略，认为不重要，或觉得对方在浪费生命。

情商是情绪同步和共振的能力，按照情商，人甚至事物，都有情感、都有意向，跟自己一样，都需要呼应、回响、共鸣。情商 1.0 版的人会自动认为，对方与自己都是有着特定需求的人，对不同的人，要用不同的方法去对待，接受别人的生活模式，即使自己完全不理解，也至少在某些时候顺着别人的节奏行动，让别人暂时接管自己的行为进程，并乐在其中。最好的状态是共振，彼此都不主动控制自己的行为，此时双方的自发行为共振。自然演化已经给我们人类装配了镜像神经元，保证人类天生就有这种模仿、共振的交互能力。这种情商要求对方与自己的天生频道一样，所谓同类，因此能够诉诸的人物是有限的。所以，情商 1.0 版是定频共振。情商 2.0 版的人会认为，对方其实也跟自己一样，只是在不同的层次上，它清除了情商 1.0 版的天赋 bug，深刻理解各个阶层的人的心理需求，并可以随时升级或降级到相应阶层与之共振。伟大的政治家或演员都有这种能力。这种情商认为人类最终其实都一样。情商 2.0 版是调频共振。

最高智力是情商 2.0+ 理商 2.0。从概念上看，情商可以还原为理商问题，理商也是对不同认知模块的合理组织，情商也是对不同个体的合理组织。反过来说也成立，理商也可以还原为情商问题，别人的认知模块与自己的认知模块，是可替换的同类模块。从心理程序往下还原到行为模块，甚至再往下还原到神经回路，情商和理商可能都是一样的，都是在特定的信道中施加特定的输入、给出特定的可控输出。但在人类的天然视野中，这两个概念的表层差异还是大于底层共性。

因此，技术就是不断提高自己的情商和理商，也就是调控自己和对方的认知、行为模块的能力，呼应自己和他人的情绪和心理模块的能力。

如果习得这些技术？技术是一个优化问题。即时反馈、深度练习，是最好的方法。深度练习，也称刻意练习，是心理学家在分析杰出人物时发现的重要经验规则。所谓经验规则，就是你最好这样做，这样落在目标区的概率大很多。深度练习的诀窍是一步步进阶，即古人说的循序渐进。它不是一蹴而就、大跃进、奇迹发生，也不是注定失败、毫无指望、永不可能。刻意练习把技能学习分为三个区域，舒适区、费力区和恐慌区。不在舒适区练习，仅做适度重复练习，主要在费力区练习，但不要一步登天，进入恐慌区，要逐步把费力区变成舒适区，把恐慌区变成费力区，自己把自己提升上去（self-bootstrapping）。

5000 个单词怎么背？一口气背完整本书会令人恐慌。好的做法是把大目标分解为小目标，小目标分解为小小目标，小小目标分解为小小小目标，直到它是你 1 个学习单位时间，例如 1 个小时，可以完成的目标。目标的

第三章
—— 社会情感的驱动 ——

层层量化分解，具有高度的指导意义。你要从自己现在的平均水平出发，选择学习的单位时间。你开始背单词，不要背太多，就背下去，看自己到费力的时候、不想再看的时间是多长。一般人是看 10 页 ×12 个单词。计时，再算出 1 页纸你平均用多少时间。假定 1 页上有 12 个单词，1 页纸你需要 5 分钟，则每个单词需要 30 秒左右。这个学习单位时间当然太短，属于瞬时记忆。你可以延长到学 1 个小时，但有的人可能觉得这个时间太长，到后面都困了。所以可以先背 30 分钟，休息 2~3 分钟，再继续背 30 分钟，就这样开始。过了几天，可能你就适应 1 个单位学习时间是 1 个小时，你可以连续 1 个小时背单词。单位学习时间，就是你的练习单位。你可以提高它的长度，也可以改进它的效度。30 分钟看完，回头翻一遍，还记得多少比例？50% 还是 70%？不认识的，再认识一遍。等你到了可以背 1 个小时的阶段，也可以即时复习，看自己 1 个小时之后还记得多少。一定要知道自己的特殊的练习单位，然后在这个水平上逐步提高。你会发现自己到了一定阶段，单纯背词的效率越来越低。这时可以再换方法。你最初背的是按 A–Z 的顺序安排的单词书，接着你可以背词根书，这时单词是按照词根来组织的，给人提供新的认知角度。然后还可以背同义词、反义词词群。词序、词根、词群，各种办法都试一试，不知不觉，你就背得很好了。当然，即使如此，这种提高也是有极限的。我很少见到有人可以连续 2 个小时背单词而不停顿、而且全部记住。但你知道，有的人真的是有天分的。不过你不需要那么多天分，努力成长才是最重要的。

尝试各种方法来背单词，你就真的可以背好单词。学逻辑思维，道理相同。为了学会逻辑思维，我先从简单的书籍开始看，尝试看了一章就总结其要点，当时是看了一本社会学的书，相比纯概念的理论书，社会学的实例和分析是比较容易的。然后就可以看一些科普文章,讲科学方法和验证思维的。然后可以看演化论、心理学、经济学的具体文章,都怎么研究和分析问题。要有一些实例。接着可以看整本的科普方法论书,例如,《对伪心理学说不》。接着还可以看科学哲学,波普的《科学发现的逻辑》、《猜测与反驳》。后来我又钻研了生物学思想史。最后才把精力放在纯理论书《纯粹理性批判》,因为都是概念,内容晦涩难懂,有时就是作者本人没说清楚。我看了一些,又找不到方向。就看解读著作,两种对立的解读路线的文章都看一些。再回头看原书,这样写了硕士论文。到了后来,只看解读书和自己综合,很明显也是不够的了,没有什么创见,只能重复现有学者的研究水平。于是,我看了数学哲学的论文、认知科学的文章、演化设计的书籍,到后来用这个非哲学的思维,来检视康德的理论,于是在一条狭窄的入口,发现了新的解读,写了博士论文。回头一看,以前从未想过,会是这个认知与演化设计的解释框架。总之,要学好逻辑思维,就要一步步来,不能一开始就抱一本最难的理论书,看不下去,到时还得回头补具体学科的课。万一一开始没有遵循这个步骤呢?那也没什么。效率损失,总比一直等待从未开始要好。缺什么就补什么。只要真心想学,只要从各个角度练习,你总会获得目标技能。

学投资的情况也类似。先从一个你可以理解的地方开始,其实也就是大众最常采用的方法。因为当你开始学习新技能时,你就是大众,千万别觉得自己的方法很特别、很有个人色彩、很配合自己的性格。你只是 too human, too young。亏了钱再换一个方法。继续下去,好几种方法你都要试一遍。芒格说,40岁以下的投资人不用见,意思是,要到40岁才有相对成熟的投资。看来没有人可以越过这个阶段。市场变化很快,各种策略都

第三章
— 社会情感的驱动 —

是一时适用、一时不适用。你明白一种策略，然后又要非常清楚地明白它的适用范围，懂得在什么时候停止这种策略。你要赢钱，也要止损和保护自己的风险。这些都需要大量的练习。最后得到的是一个复杂的策略组合，包括仓位、趋势、基本面、心理、情绪等因素在内。我自己在投资方面还只是一个学徒。

其他技能学习的道理相同。我曾说："有人认为自己擅长思考，不善执行，但其实有一半人都这样。实践领域需要行为积累，而不只是理论。滑雪，50小时入门，500小时晋级。开车，一周入门，2000公里进阶。健身要2个月。了解异性要3~5年。当好领导，要15~20年历练。只要练习、只有练习，才能学会。读再多理论书、在边上看再久，都不行。"

团队协作也会经历几个阶段：利益较小时合作无间、利益冲突较大时虽有争吵但盯住共同目标、外部压力大利益冲突也大时有领袖来协调各方利益，一层层完成新的高级目标。企业的成长史、党史，都是非常好的团队技术的学习材料。如果你要自己练习这种能力，就要不断打怪升级：从天生就会跟好友聊天，发展到跟熟人和同事谈事，再发展到跟同级上下级、上下游供应商和客户协同，再发展到鼓舞和带领一群陌生人。每一步都需要提升自己的情商和理商。

以上是从静态的角度看如何习得技能。从动态上看，人生是一个连续获得新技能的过程。人开始要利用自己的技能，然后就要调动团体能力，再往上还要跟随市场、城市、国家的趋势和力量，不断使自己的生活升级。这是司马迁说的，无财作力，少有斗智，既饶争时。人先需要驱动系统，内部驱动来自个人天性、性格、自我认同，外部驱动来自朋友、社区、社会、国家。没有好驱动，尤其没有好的外部驱动，人就会变成普通人。普通人没什么不好，但你那样努力思考、努力工作、努力拼搏，难道只是为了做一个普通人？普通人，随随便便就可以做了，不必消耗那么多的精力、时间、心血，承受那么多痛苦、欢乐、挫折、喜悦。普通人与优秀人也是相对概念。从前的优秀人，与今天的人相比，可能都算是普通人。人都受到社会比较的约束，拿自己拥有和支配的资源或生产力在社会中做交换，你的收入、地位是这些资源和生产力的对价。人当然都希望自己的社会对价更高一些。然后你要找到方向，主要是找到优秀人的社群，跟随、模仿、追赶、超越。在这个过程中，不断提高生活的技术。连续升级的生活技术有6条，我自己熟悉的有前3点。

1. 从零开始。在大学里，我学GRE哭过好几次，我很无助。怎么克服？后来我靠的是深度学习，坚持4个月，完成了。减肥，应该也是这样，必须深度练习。每减10斤，就换一个方法，就集中于弱项。这样很痛苦，但回报会逐点累积。最后的总和会比较惊人。大学里就是要学习硬知识、练习硬技能。深度学习需要一个好的学习群体、社区。身边人都在学，你会自动跟着学。大家都在玩，你宿舍的人、你同班的人、你学校的人，都普普通通，你没见过牛人，你不知道牛人有多牛，因为你不认识这种人，没见过这种人，你也就没有学习的目标和榜样，人类动力来自社会比较，没有优秀的人在身边，你也就普普通通。

解决方法：(1)进名校、进考分竞争的专业，那里聚集的聪明人最多。(2)互联网打破了宿舍、教室、学校这种地理空间的局限。在互联网的学习部落、学习社区，你可以学到很多。人需要内部驱动，也需要外部驱动。只有极少数内部驱动极为强烈的人，才能在无论怎样恶劣和不友好的微社会环境中依然取得成功，例如一些数学家。在这里，除了情绪刺激的驱动，

第三章
— 社会情感的驱动 —

你还能找到学习方向。

2. 工作前两年。学校对你的作息提供外部干预，但工作场所则不会。除了打卡上班，其他都较为自由。自由带来散漫和随性。杂七杂八的事情，好多头绪，几个电话、几件琐事、跑几次腿，一天下来，自控力和意志力已经消耗完毕，坐着地铁回到家，倒头就睡，什么也不想做。更糟糕的，一个人待着，不主动去找人，也没人来找你，就到月底了，再过一阵，又到过年了。

后果一，工作内容被多头外部任务牵扯，自己无法学习，这不利于成长。克服方法：尝试新任务。每个新任务来时，都有兴趣做，做了五六次以后，重复工作令人厌倦，混时间，这时需要主动向上司要求新任务，新任务不会让你更累，相反会激活你的热情。学习新任务，靠深度练习。经过2~3年各种新任务的深度练习，就可以成长为工作能手，收入也会大幅提升。

后果二，饮食不规律，工作没做完，到点不吃饭，一次没事，三五次也没事，一年两年就会得胃病，或者身体认为你已进入饥荒模式，储存脂肪，长胖。刚工作3年的人，尤其是男性，很容易长胖，10斤是一个门槛，下一个门槛是30斤。怎么克服？要意识到，这是自控力被多个工作琐细任务榨干的结果。解决方法不是增强个人自控力，因为每个个体的自控力都是有限的。解决之道是寻求他人的帮助，借助朋友和社区。回到家里，很困很累，不想动，但有朋友拉你一起出去健身，你可能就去了，拖你一起去逛街，你可能就去了。一个人的内部控制是有限的，小群体和社区可以给你提供外部驱动。麻烦的是，同学聚在一起，往往是吃吃喝喝，回忆大学生活，议论微博微信热点，这些都不会对你有任何帮助。一定要找到正能量的朋友圈。健身、学习编程、考察企业、接触不同界别的牛人，这些才能帮助你强健身体、技能、判断。

3. 工作第 5~8 年，30~35 岁，有所小成。无论技术岗还是营销岗，都会遇到收入天花板，通常是年收入 20~50 万。增加工作时间，做更多同样的事情，可以提高一点收入，但百分比有限，也不值得搏，也不愿意去搏。这时，你已经遇到职业天花板。天花板迟早会遇到，这是客观情况决定的，这是幂律分布的统计规律决定的，不以你的主观意愿为转移。你意识到自己掉进了 80%~20% 的陷阱。你无法再凭借自己的努力提高生产率，因此也就无法提高收入。这是后果一。后果二，因为个人非常努力，想要得到好成绩，天天看书、天天增加个人信息，因此忽略了生活的平衡。这是很糟糕的。

收入是你的能力的对价。你拿出产品和服务，在市场交换。在公司打工，也是拿自己的技能去交换。这时，你会陷入深刻的苦恼。我这么努力，为什么却无法取得瞩目的成功，只能在大城市养家糊口？我还需要在什么方面努力？一个人的力量是有限的，大多数人过不了这一关，他们总是在同样的思维水平上思考，在同样的思维格局里打转，他们总期待自己更努力，以取得更多成绩。他们认为，个人努力多大，成绩就有多少，这是一种线性思维。

这时要突破的，不是个人能力。个人能力在工作的头几年就已经达到天花板了，再努力的边际收益递减。你的思维模式是僵固的，固定在个人技能带来应得回报的思维中。重点不是技能的天花板，每个人都会遇到这个天花板，但他们的收入和地位却不断升高，原因何在？他们不仅仅依靠个人技能。他们借助团队、公司、组织、平台、社会趋势、潮流、风、国

第三章
—社会情感的驱动—

家战略的力量。

克服方法：(1)从技术岗转管理岗，从销售岗转管理岗。管理需要不同的能力，与你自己做技术、做销售不同。很多人转不过这个弯，是因为自己错误的理解管理，以为管理就是命令人。管理是组织人、协调人、提升人。首先，判断员工的能力水平，相应配给任务。其次，每隔一阵布置更高一层的任务，以帮助员工进入深度学习轨道。再次，即使如此，工作任务有时难免重复，应为克服下属对重复任务的厌倦感，营造团队内部的朋友和家庭气氛，组织团队的文娱活动。智力上聪明的人，常常觉得老板没本事，比不上自己，凭什么也拿跟自己一样多的薪水，甚至更多的薪水？只能逼出一个解释：运气好。这是因为自己的思维总在技术层面打转，找不到团队组织这个真正的原因。这个原因要求高情商，高智商的人往往没有。一辈子狂傲，但一生很平凡。有过几次闪光，但大起大落，总的结果还是平凡。(2)投资股权。获取公司股权是最直接的。较为间接的是投资所在行业或相关行业的公司的股权。薪水是个人成绩的对价，股权是公司成绩的对价。拿工资，是靠个人努力在市场中交换；拿股权，是靠公司组织在市场中交换。经济生产就是拿自己的人力和物质资源在市场中交换，所得就是你所支配的各种资源的对价。只有在35岁以后才可以考虑以买股票为生，买股票是自己的本职工作无法更上一层楼之后不得已的结果。炒股是一个庸俗的事情。短时间赚钱太快，不是一件好事，因为它像毒品，给你太多的刺激，让你忘记日常工作的常态。注意，人无股权不富，但炒股也像吸毒。工作有所小成以后，要跃上新平台，每次向上爬，除了它的光明一面，都有它黑暗的一面。(3)创业。创业是就业的浓缩，在创业时，你会拼命工作，创业1年，相当于工作3~4年，你的收入自然提高。这是最基本的。但创业有 90%~99% 的可能性会失败。幸运的是，你在创业中练就的技能不会失效。你创业，会迅速突破自己的技能瓶颈，快速上升好几个平台，同时还能获得组织协调员工的经验。

影响个人发展的，除了团队、公司，还有城市和国家。

4. 影响一个行业。

5. 影响地区发展。

6. 影响国家方向。

在微博上整天赞扬也好、批评也好，其实都是没用的。除非你做了，你执行了，你行动了，否则都是空话。别这样了。没到那个台面，别操那份心。先把你对家庭、家族、公司、行业的责任完成再说吧。别因为在这些还能触及的层次上已经到了天花板，就意淫更高的层次来做掩饰，逃避对当前层次的真实责任。4、5、6 都不在我目前的能力范围之内，我就不瞎扯了。我把这三个升级项目列为观察对象。

所以，没有本事怎么办？那就从零开始，找到学习社区，甘当认知学徒，逐层深度学习。苦也要学，哭也要学。30 多岁还要转型，从零开始，很痛苦怎么办？流泪、流汗是人生的基本配菜。习惯就好了。第一次滑雪时，我从山顶上一路摔到山底。身体上的困难能克服，心理上、情绪上的困难怎么就不能克服？回想 10 年前，你学英语、学哲学逻辑，哪一个不是很痛苦、很折磨？难道你忘记了？你以为你刚开始时在那些方面真有什么天赋？你学会了，别人夸你是天才。你就真的忘了那些心碎无助崩溃的时候？把成绩当成一步到位的过程，删掉不愉快的记忆，是人的恶劣天性吗？人都喜欢在一段升级之后偷懒地待在原地。好企业总是在一段辉煌中之后原地踏步、停滞不前，然后被新的企业超越。

第三章
— 社会情感的驱动 —

最终，是动力系统在起作用，推动你继续改变自己的行为、语言、情绪。你欠缺技术吗？最终，你欠缺的是动力而不是技术。装上强大的动力系统，找到新的方向，冲上新的技术平台，这是我对自己的要求。我说这些，与有心人共享。这是我对自己从思考训练转向行动的 3 年总结。这是 the end of the beginning。

选择需要社会化的情感

迷惘、危机、彷徨的时刻，人单凭理性难以选择。选择必须要有情感，而且是社会化的情感。每个阶段我们都需要有人协助自己，走出混乱和随机的行为、心理甚至思考状态。在幼童时期，是父母和兄弟姐妹；在儿童时期，是玩伴；在学校时期，是同辈和老师；在成年初期，是上司和贵人；在成年中期，是从新层次来的贵人。当有多个冲动不断在各个行动方向上诱惑着孩子，孩子可能会困在自己的冲动里；这时父母鼓励了他，让他走了一个方向。当有多个选项摆在年轻人面前，年轻人可能会困在自己对各个选项的似乎无穷尽、但却无结果的思考里。这时，经验丰富和见多识广的贵人出现了，点醒了他。幼童的惶惑、青春的迷惘，甚至中年的危机、人生的徘徊，都需要有人来帮助找出方向。

面对多个选项无法做出选择，这是因为思考不够给力吗？不是。单靠个人理性分析无法一口气思考清楚，因为各个选项内部可能都有多个变量，变量之间可能还相互影响，变量之下可能还有变量，这些问题过于复杂。布里丹的驴子，左边、右边都有一堆草，离自己一样近，先吃哪堆呢？

第三章
— 社会情感的驱动 —

一个劲儿思考,最后饿死了。人生选择问题,通常很复杂,思考难免会有,但不一定最有效率。选项的成本收益计算是一个指数爆炸问题,在每个选项下,第一个行动带来第二个结果,第二个结果还影响第三个结果,这是无法靠思考来单独计算的。思考总是想毕其功于一役,思考总是觉得问题就像"2+3=?"这么清楚。但选择问题不是"2+3=?",它是一个指数爆炸问题。如果单凭思考就能解决这个问题,那就等于认为,你的思考本身就能把全部的设计都发明出来,你的思考是一个中央设计者、终极设计者,而这是对你的思考的过高估计。生产车间、机械设备的事,可以凭借思考完成,它们都是容易收敛的、可控的;但人生选择的事,则往往不可控、不收敛,单靠思考无法让它收敛。非思考的、非分析的能力,即信任、崇拜、激情等,才能让人可以做出选择,而不是做一个布里丹的驴子。完全靠自己理性分析原则上也可以,只是需要极为极为极为漫长的时间。但你的人生只有一次。只有理性,没有感性,你很难选择。

要怎么终结这个指数爆炸问题呢?怎么重新赋予生活一个秩序呢?这要靠一个观念组织,组织的力量来源于什么地方呢?在这个平面上并列着如此之多的可能选项,哪个选项会脱颖而出呢?

可以靠选项之间的自由竞争吗?自由竞争的结果可能是混战,各个观念、各个选项在那里打架,你可能就困在从混战的这里到清晰的未来的中间地带,你无法升级,好比《黑客帝国》里的 Neo 困在 matrix 与 zion 之间的中间地带,你感到困惑,无法理解,看不清楚。由于你困在各种选项之间的冲突中,你还感到迷惘甚至悲观。你终日无所事事,重复自己已有的水平,觉得失去了前进的方向。所以,靠自己的思想自由竞争是不行的。你得借助外部的力量,也就是借助非思考的力量,也就是感性的力量、情感的力量。

内心强大可以帮助选择吗？单靠个人主观意愿，是无法自动完成升级的。我曾说，在做出新的选择时，人往往因为害怕不熟悉的未来，而故意在大脑中制造想象的风险。人生总有风险，任何时候，而最大的风险是待在原地。但是，这种精神鼓励还是不够。再说，多强大算够强大？总不是出于生存偏见，说那些成功做出新选择的人，内心最强大。很多特别自信的人，整个余生可能都困在选择的山谷里。越是个人意志强，越是西装革履、头头是道，就越是脱离群体、远离他人，也许越是难以做出明智的选择。这些人仅仅靠自信、理性思考来做选择，其中带有太多个人主观偏见，充满很多不客观的东西。一个人待着，内心就强大了吗？越孤独，人生的重要选择可能越糟。越是参考他人意见、与他人交流、讨论、确认，可能越好。个人主义、独立思考、自主决定，这些话很动听，但在人生选择上可能很害人。

以前我很相信这种个人意志力，觉得自己做不到是因为修炼不够。但多少年来自己都做不到，我怀疑这不适合我，甚至，自控自律其实也不适合多数人。除非基因异禀，很多自以为自律自控的事，其实很可能是因为团队和社交环境配合。因此，我现在反对鼓吹个人自律，强调圈子接纳、伙伴群体的巨大推动力。你需要实实在在的人的鼓励，你需要身边有人提你一把，你才敢在选项的迷雾中走过去。没有他们的鼓励和认可，你可能无法确定要哪个。你的内心强大可能只是偏执的代名词。

这样来看，非思考、非主观意志的东西，才是做出新选择的主要动力。它是情感，同时还不是私人化的、单纯属于个人的情感，而是在人际关系的交流中被确认、被强化的情感，也就是社会化的情感。信任、共鸣、选择，

第三章
— 社会情感的驱动 —

这是新选择的三部曲。第一步是信任。对特定的人的信任，可以帮助你摆脱思考，你不需要再想，信任对方已经想过了，或者即使没有想过，但对方已经做到了。第二步是共鸣，他们的想法说出了你想说而说不出来的想法，他们的感受说出了你想表达而表达不出的感受。你曾经困在各种想法中，一片混乱，理不出头绪，他们的感受和想法，为你理出了头绪。你很难偏执地将所有可能选项全部试一遍，人生毕竟只有一次，人生的很多事是很难重复的。这时，你会混乱、迷惘、无助，你会困守原地，不敢动弹。这时，就需要有个人出现，告诉你，我也曾经这样迷惘；还说，这边走可以的，我就这样走过。你的心里就踏实了，你就可以选定一个方向。这就是第三步，选择。这个方向与其说是你个人选择的，不如说是被你对人的信任推动的。你不是这个选择的唯一作者，你所信任的贵人与你都是它的共同作者；你信任别人，让别人接替你来掌管你的一部分人生进程。你需要信任和共鸣，来帮助你做出选择，你需要这些感性的东西，它们直接推动着你。信任、情感、感性是选择的指数爆炸的拆弹专家。膜拜、激动、震撼可以帮助你走出选择的困境。

贵人、成人、教练给你门票，让你进入新技能层、新社交层。例如，对研究而言，在面对几个方向时，审美品位、震撼感觉，可以带自己前进；你见的理论多，你就能够做出自己的选择，你赋予某个选项的权重高。再如，对生活和职业选择而言，你需要热爱，而热爱的情绪来自哪里？热爱不是凭空诞生的，不是自己想热爱就热爱，而是来自社会化的确认，来自你对特定人物的信任，他们喜欢、他们赞许，于是你也对他们喜欢、赞许的事有了兴趣、有了热爱，你的热爱和兴趣得到了响应和共鸣，你才把它从万千个与之竞争的同类项中挑选出来。你不可能从事一种人类永远不会欣赏的事情，你的热爱、你的激情，其实是与你信任的一些人共振的产物，并不完全取决于你，而是大家相互肯定的结果。这些同道、前辈、贵人，让你狂躁的情绪平静下来，稳定在一个方向上。在这个方向上，你受到鼓舞，你得到新圈子的许可权，你被升级为新层次的一员，你被允许以新层次来重组你现有层次的混战要素。

要超越现在的迷惘、混乱、犹豫，你就需要有人用更高层次的视角和眼光，帮助你获得高层次的秩序。这样，一个新层次的概念、观念、认同、身份、理想，就在调用现有层次的各个要素。调用是从高层到低层的。这种调用程序来自社会化的情感共振，通常不是你独自一人发明的。他们给你讲述一个自己的故事，为你进入那个世界打开一扇新门，这是一张难得的门票。父母给孩子提供一个稳定的、有规则、有承诺的语言和行为语境，孩子的自然冲动和各种想象，就得到了梳理和秩序，他形成了控制自己行为和想法的技能。这些外部语言和行为环境看起来在约束孩子（constrainers），其实是在赋予孩子能力（enablers），就像基因赋予人类能力一样。同龄人给青少年提供一个稳定的发挥环境，可以任他发挥，但又约束着他，让他知道界限。有界限才有自由，没有界限的行为是胡来。贵人给初成年人提供一个方向、一种信任，鼓励他朝着这个方向走过去，把其他选项抛在身后，把无穷尽的思考和徘徊抛在脑后。

最后一个问题，像逻辑推理、科学实证和概率分析这样的理性思考有什么用？它可以解决人工控制的问题，比如数学题、流水线、大数据，人的情感和社会联系在这里被抽离了，这里是各种技术的竞技场，它们对人类文明的发展非常重要。但在社群、企业、团队、友情、爱情、亲情等问题上，还是必须用人类早已具有的工具，即情感、直觉、感性等，它们是

第三章
— 社会情感的驱动 —

自然和社会演化的复杂设计，非常高效。一个笑话说："昨晚我误加入一个博士群里。有人提问：一滴水从很高很高的地方自由落体下来，砸到人会不会砸伤或砸死？群里一下就热闹起来，各种公式，各种假设，各种阻力、重力、加速度的计算，足足讨论了近一个小时。这时我默默问了一句：你们没有淋过雨吗？群里突然死一般的寂静……然后，我就被踢出群了。"基本的事实是，自然经过无数的演化设计，终于有了人类这样的复杂设计，还有人类的知识。这些知识一开始只是表达最重要的生活内容，很粗糙，够用就行。随着技术和社会的变化，知识被用来表述人类可控的社会关系和自然对象，然后科学出现了，一步步研究自然、生物、社会、心理、认知、意识。这种研究现在只能研究自然实在和演化设计的一部分而已，远远没到揭示它们的全部密码的地步。不要总是等待理性，理性能分析的问题依然是有限的。亲情、友情、爱情、职业直觉等，都不太可能等到科学理论研究清楚，你才开始依赖它们。你要相信和运用自己的感受、直觉、情感，它们是演化设计的伟大成果。

总结一下：太多选择带来行为瘫痪，人类狭窄的工作内存无法处理。理性计算和个人独立不一定好，人生不能被还原为 excel 表。怎么办？偏见、偏执会快速减少选项，但把特定选择责任委托给专家更好。在婚恋上，信任父母、传统和常识。在行业和人生选择上，跟随贵人。用社会化的情感和信任，克服个人选择障碍。我写这篇文章，受到布鲁克斯的《社会动物》的巨大启发，给感性和理性一个达尔文式的综合解决方案，也把选择还原为社会协作和博弈问题，弱化了个人意志、个人情绪、个人思考的作用，强调了各种层次的社会关系对人的情绪、选择的巨大影响。

扛住黑暗的闸门

经济学家帕累托研究意大利北部城市的财富分布,发现20%的家族拥有一个城市80%的财富。进一步的研究还发现,这20%家族里的20%,拥有这80%财富的80%。再深究还发现,这20%家族里的20%的20%,拥有者80%的财富的80%的80%。也就是说,20%×20%×20%=0.8%,80%×80%×80%=51.2%,差不多1%的人拥有社会财富的50%。这是著名的幂律分布(power law distribution),而且在三个层次或尺度上它都一直出现,表现出无尺度性(scale-free)。

意大利北部城市如此,其他地方呢?法国、英国、美国,都发现了类似的情况,都是1%的人拥有50%的财富,在一些东方社会,也是一样。1%拥有50%的财富,这比普通人以为的20%的人拥有80%的财富更加极端。这与体制、东西方文化有关吗?无关。因为这种情况在世界各地到处出现,相当普遍。有些地方在财富数字上不明显,是因为一些资源还没有货币化;考虑到所有社会资源,财富、权力、话语权各项要素,依然是20%的人拥有80%的社会资源,甚至1%的人拥有50%的社会资源。幂律分布是相当

第三章
— 社会情感的驱动 —

普遍的。

问题是，你现在不是那1%，甚至不是那20%。站在你的现在，从你的社会阶层出发，你能说社会是不公平的吗？从个人角度，的确有点不公平。同样是20来岁，你什么都没有，但有的人是富二代，凭什么出身就能决定一切呢！但把时间拉长来看，拉长到30年、60年，从家族积累来看，社会却没什么不公平。那些富有的家族，30年前可能也是一贫如洗，没什么钱。他们的父辈，走南闯北，抓住改革开放的机会，发达了。有些家庭的祖辈，甚至经历枪林弹雨、革命斗争，最终为子孙积累了可观的社会资源。而我们的父母呢？他们也勤勤恳恳地工作，但是毕竟积累的成果有限。有人就想了，哦，原来我这么衰，就是因为我的父辈没有好好奋斗，我马上打电话骂他们一顿。这样就太没格调了。父母也有他们的难处，他们的父母也没准备好条件，而且他们为了你，已经做了他们所能做的全部。你还能再要求什么？你不能要求太多。接受家族积累的事实，接受从家族积累来看社会是公平的，这并不容易。当然，这也不是你的错。你的人生不是你一个人造成的，它是家族和社会环境的综合结果，你不必为你过去的人生担负太多的责任，的确有些事不是你的错，这样客观认识自己，反而会让自己心情放松一点，坦然面对事实，从自己被给予的基础开始。人最重要的价值，不是出生在哪个社会阶层，而是从特定的投胎位置向上走了多远。那些投胎好的孩子，如果只是享受，也不值得尊敬。他们浪费了自己的资源。那些家庭环境普通的孩子，如果努力向上，也值得尊敬，他们没有浪费自己的潜能。

你能不能说，既然社会不公平，那就应该从零开始，大家只凭个人努力程度来分配社会资源？你这样想，那些家庭的父母该哭了，他们奋斗一辈子，不就想让孩子有一个更好的开始么！你这样一来，就都扯平了，他们的努力就归零了。你要是以后有了财富、有了实力，你也不愿意你的孩子跟普通家庭的平民子弟从同样的起点开始吧！不然，奋斗的意义何在？

也许以后人类会设计出大规模的斯巴达式社会，家庭财产都取消，孩子也不属于家庭，而是生下来就属于社会，但是，现在，甚至在未来的相当长的一段时间里，这都是不可能的。遗产税会削弱家族资本积累的效果，但这种效果总是多多少少存在的。只要有积累机制，加上时间足够长，结果一定是分化，是幂律分布。这是没法改变的。

不要去抱怨事实。事实就是事实，事实不会因为你的抱怨而改变。你的责任不是改变统计分布的事实，而是成为20%，甚至成为1%。这1%的人有两组人构成。一组是各种二代，他们继承了父辈的社会资源，例如，官二代、富二代、学二代。学二代是我独创的概念吧？这些人的父母是教授、高科技人才、高级知识分子。有些二代当然不争气，但很多二代都很厉害。他们不仅继承了父母的基因，也学会了父母的行为模式和思维方式。在言传身教中，孩子就看会了。在日常对话中，孩子就自动把合理的行动方案吸收了。有的父母还要求孩子做出社会行为的彩排，以帮助孩子应对家庭之外的社会关系。他们的父母不是随随便便成功的，那些优良品质就这样通过家庭养成教育传递给了孩子。

另一组是通过努力奋斗、考上好大学、赶上好行业的人。这是奋斗的一代。没有太多来自家庭的指导，他们只有自己冲进城市，面对复杂的陌生人社会。作为家族里第一个处理同事关系的人、第一个在无数陌生人聚居的大城市生活的人、第一个在国外读名校拿到世界名校学位的人，这些与小城市通过熟人搞好工作、找到对象、组建家庭、获取职业信息都是相

第三章
— 社会情感的驱动 —

当不同的。这些人中有少数本身是精英的后代，学习、工作、生活，处理起来都能比较协调，不急于求成，也不玩物丧志，扎实前进，目标明确，一年一个台阶，成长和发展看起来毫不费力。这些人中的多数则是来自普通家庭的聪明孩子，但资源和见识奇缺。他们往往急切地想得到一切，冲动而孤注一掷，或者盲目乱抓，什么都想抓住，但又什么都抓不住，有时还陷入行为瘫痪，什么也不做，什么也不敢做。他们常常大起大落，一会得意，一会失意。但是，他们会逐渐从盲动、失误、挫折中积累经验，摆脱主观偏见、狭隘经验和懒惰教条，懂得客观、均衡、深度练习，慢慢获得稳定的发展。

你可能担心，社会阶层的差距太大，会引起问题。答案是，不一定会。社会各个阶层之间的相对差距是不变的，但每个社会阶层的绝对水平都在提高，因此，如果每个阶层相对于自己的过去都变好了，那么，社会会保持动态稳定。金字塔会一直存在，里面的人也会来来去去，但金字塔的塔基在不断上升。过去 35 年，每个勤奋努力的中国人的收入都有巨大的提高，生活水平的改善速度和程度，举世罕见。绝对收入提高了，但相对差距却没变。

你可能还担心，要是自己成了 20%，那 80% 的人怎么办？你不用担心。如果你成了 20%，你不是通过坑蒙拐骗、偷抢掠夺做到的，那么，你一定在某些方面对社会做了贡献、帮助了社会，你不仅帮助了自己升级，而且还间接甚至直接帮助了那 80%，他们也在变好。你进入 20% 的速度越快，这通常意味着社会进步的速度也越快。你优秀的速度越快，社会的效率就越高。这是好事。这可能是一种很天真的个人与社会互动关系观点，有很多不足，但对于普通人观察社会来说，基本够用，也大体符合事实。

打破自我的标签

许多二代的确是很优秀的。你没有见过这种人，不代表他们不存在。我见过。以前媒体上喜欢宣传，富二代开着宝马车到校园撞了女大学生，然后甩出一句，我爸是谁。嚣张跋扈，让人看了义愤填膺。老百姓看这些看多了，就想了：这些富二代，也就有点臭钱，但没道德。言外之意是，我虽然没钱，但有道德。认为二代没道德、自己有道德，这是一种非常顽固的谣言。心理防御很重要啊！无法理解别人为什么有钱，可能也从来没想过怎么去理解，以为他们就是有运气了，找到一个机会来损他们了：哦，他们有钱，但没道德，说不定就是因为没道德，才有钱，不然怎么有钱的？人无横财不富，马无夜草不肥，敢骗、敢吹、敢钻政策空子，所以才有了钱。你看他们的孩子就没几个好的。媒体不耸人听闻，不添油加醋，很多老百姓是不会看的。所有细节，都是为了让他们满意：宝马车、女大学生、我爸谁谁谁。很多老百姓只知道宝马，可富二代谁开宝马啊！女大学生永远是要出场的，你让宝马车撞一个男大学生，多没想象空间啊！他撞完了，还一定要大声向旁观者讲两句，而且恰好说自己的爸是谁，这都得多脑残啊！也许有，但典型的富二代会这样？我见过的，好像个个知书达理。但老百姓信这个，媒体就给他们编这个，这样能够满足他们的认识水平。有些网络大V，还把这些东西放大，拼命抨击政府，抹黑官员，夸大官员腐败，言下之意，你的生活不好，都是因为这帮人造成的，冤有头、债有主。他们是在吸老百姓的血。不给老百姓以改变生活的方法，而是迎合他们的狭隘想法，让他们永远困在自己的错误思维模式中。害人啊！

有些人的思维模式是奇怪的，不承认别人富有是有原因的，却认为自己赚的钱，都是自己努力的结果，自己穷则全是社会的错，跟自己无关。这里有屌丝三定律：一切都是社会的错；别人的成功是偶然的；自己的成

第三章
— 社会情感的驱动 —

功是必然的。把自己生活不好的责任都推到社会身上，推到别人身上；别人成功了，就说是运气，把自己不理解的复杂进程，都当作运气、奇迹；自己一旦做出了一点成绩，就把功劳都揽在自己身上，生怕跑掉了。抨击社会不公、抨击政府、抨击官员，就是不把责任归于自己，哪怕是部分地归于自己，这就是穷。太穷了，不仅是财富上贫困，而且知识也贫困，不理解别人成绩和工商业社会的复杂积累进程，就偷懒用最简单的理由来解释，还把无知当作道德优越感。

还有精英三定律：一切都是自己的错；别人的成功是必然的；自己的成功是偶然的。优秀的人不把不好的责任推到别人身上，而是首先从自己身上找原因，即便不一定是自己的问题，也尽量从自己身上找问题，这样改进的空间才会更大。别人成功了，努力去了解，跟别人学，即使有些成功的确有很大的运气因素。对自己的成功，则很谦虚，认为只是运气。你听了，还真信啊！马云说自己运气好，所以成功，你还真信啊！别人不是辛辛苦苦干出来的？雷军说自己是坐在风口，才成功了，你也真信啊！那么多人都在那儿，怎么就他找到风口了呢？这风口是他家开的吗？他当然也不是制造趋势的唯一力量，但说他是主要角色之一总没错吧！

客观很重要。最难的是对自己诚实，承认别人很优秀，承认自己很low，甚至承认自己的家族很low。这是最难的心理关。因为一旦承认自己很low，下面的任务就变得很庞大，你得改变，你得升级，你再也不能把责任推给别人，推给社会，推给政府，你得自己扛，自己积累。这样，你也不必困在自己的愤怒里，困在自己的混乱认识里，你的现状的确不是你自己行为的错，而是一连串的行为的结果。你不必事事责怪自己。你其实也轻松了一点。你不必暴躁、愤怒；接受自己，接纳事实，然后向前走。升级的路在你面前，你需要一步步去走。这将是长期的过程，它比主观臆想难多了，它比推卸责任难多了。但是，优秀的人，敢于直面惨淡的人生，敢于正视淋漓的鲜血。承认自己的家族很 low，你就得想办法与长辈和解，你反而会更加体认他们当年的痛苦、挫折、挣扎、搏斗，你会更理解失误是如何发生的，从而避免那些失误，而不是把父辈的失误当作永远的诅咒。你不能改变家族的过去，但你能改变家族的现在和未来。你能改变自己，把自己变成富一代、学一代，让自己的孩子变成富二代、学二代。你要用自己一代人的努力，把别人的家族 30 年、60 年的努力追回来。你要一个人扛起黑暗的闸门，为自己、为后代、为家族打开生天。

人生是一个爬山的过程。二代们是从山中腰往上爬的。他们的起点更好。但是越往上，其实也越难，因为条件要素越来越多。越复杂的设计，成功的概率越低。如果你跟我一样，出身平民家庭，我们都是从山谷里往上爬的。我们的起点很低，开始速度会快一点，学了编程和英文之后，可能还会更快。可能你 30 岁时，才达到别人 18 岁的水平。这很正常，不论在支配的财富，还是人生的见识、行为的理智、待人接物的成熟方面，可能都是如此。二代们曾经耳濡目染，而你是家族里第一个跑到大城市生活的人，什么都需要从头学起。可能你到了 40 岁时，达到别人 27~28 岁的水平，这已经不错了。到了 50 岁，跟别人 40 来岁差不多。越到后来，差距越小，因为越到后面，他们的升级也越难。有人说，总有那么一天，我超过了他们，我要出口恶气。还是不要。这样也很 low。你的努力是很多，但他们也在努力；他们并没有主动来害你、欺负你，你干吗这么狭隘！

你的品味、习惯、做派，在青春期和成年早期基本塑造成型了，很难改变，他们是一望而知的。但人仍有精神层面，人还可以自我改造。人的

第三章
— 社会情感的驱动 —

社会地位、财富、阶层、名望，甚至身体状态都会改变。你从这里爬到那里，不是为了攀高自诩、向谁证明什么，只是为着改变。你既不必向上层证明，你很厉害；他们一直都很厉害，你的这些成绩他们早就有了，而且不是凭空获得的，而是家族积累的结果。你也不必向下层炫耀，你很厉害，你这是在拉仇恨，从别人的痛苦中寻找到自己的价值，这依然是 low。你可以帮助他们，他们现在和你几年前一样冲突、迷惘和混乱。以具体地位作为衡量自己或他人的唯一标准，这种目标导向让你失去共情的快乐，也让你与社会的关系疏远。没有深厚的感情，再有成就，也会孤独；其实没人信任你，你也不会有太多成就。不断升级是一种自我驱动，但功成不必在我，做到了，是大家共同的成绩，要从内心深处意识到他人对你的提携、许可和激励。人就是你推着我、我推着你，一起往前走，在奋斗中得到共同的快乐。

到哪个地方你会停下来呢？等到老天把你收走的那一天。你不必主动寻找休息点，老天会告诉你它的答案。人生苦短，不断奋斗、不断升级，也许也只是基因和文化给我们设的局。但也可以说，永不满足、偶尔停留是人的自由选择。你会无愧于自己、无愧于社会、无愧于天地。从家族积累的角度看，也许你一个人承担了太多，但家族里总要有一个人开始憋大招，这个人就是你。不要太在意你在哪个起点，在意你从自己的起点走了多远。扛住黑暗的闸门，向新生的地方去！

人间何处不相逢

每个人都有选择自己生活方式的权利，每种人生都有自己的价值。这不是纯粹的文化观念，而可以是一个科学事实——演化上，情感共振和理论分析，对于保持行为的多样性、创造性都非常重要。情感共振可以维持一个人、一个群体的生存稳定性，而理论分析则可以在特定时候超越现有的生活模式，在关键时刻创造新的行为模式和行动策略，获取行为和社会演化的新奇性。聪明人往往习惯理性分析，给创造性和新奇性赋予的权重过高，甚至比例异常。这在感情、人际和社会关系的处理中，是不够好的。感性的人擅长共情，则给同情、情绪、个人偏好、小群体价值认同的赋值过高，在工业化、城市化的新社会环境下，也不是一切时候都好。

被自己的天性所驱使的人，只你一个吗？不是。正常人几乎无处不受自己的天性驱使，只是天性的类别不同。他们有时用一点分析，想想小的利益格局，有时则用情感来共振，听人劝、为人事。他们恰好适应这个社会的基本人际关系，其结果也恰好都很正常。他们追踪多数人追踪的目标，得到多数人所得到的结果。这让他们不至于掉队，他们总能跟紧时代的平

第三章
— 社会情感的驱动 —

均节拍。但另一方面，也正是因为这种性格，他们通常不会主动偏离日常行为模式。这些正常人给创造性、新奇性、理论分析赋予的权重有时过低，对怪人、偏执狂、顽固的人，不太接纳，甚至排斥。这也正是基于他们的天性而做出的行为。他们只是基于细小的个人收益，来选择相信身边的熟人和带来直接利益的人，对于大目标、系统性的有复杂设计和迂回推理的目标，则缺乏洞察力和认同感。这让他们锁定在一个小圈子、小的精神格局之内，无法看到精神的宏大的、摄人心魄的设计或结构。如果他们只是跟随这些人，那社会整体的效率会更高。如果他们在特定的情况下被联合起来，嘲笑、打压这些人，那社会整体的改进效率会变低。一个企业、一个社会内部的创新和组织氛围或风气的败落，往往就是这些人不被惩罚和约束而引起的。所以，正常人也被困在自己的天性，50%给情感，30%~50%给理性，人生的各个领域的结果，也许很正常，甚至太正常了。

也有一些人，主要依靠情感共振进行社会交往来获得资源，并形成自我认同。他们是浅层情绪驱动的。他们放任自己的情绪，不仅将之应用于亲友，而且要陌生人也跟他们有同样的共鸣。这种行动模式，与系统和理性的行动模式一样，具有同样的强制性。如果陌生人不与他们一起共振，他们也许会深感受挫，比如网上的公知、艺术家、媒体和各种公众场合长袖善舞者。在陌生人环境中的受挫也是这种行为模式的外部制衡的一种方式。有话语权和传播渠道的，会影响有同样心智、同样由情绪共振所驱动的小市民。他们的肤浅、容易敏感、对情绪的无原则的共鸣、无批判的接受，曾经令我深感厌恶，并刻意远离。这类人的确是完全受自己的天性控制。他们一会儿这种情绪，一会儿那种情绪，但这些情绪之所以能够引起广泛的共鸣，显然也不是随机的、自发的，而是由演化所设计的、适合东非稀树草原小型社会环境的、人类天生就有的特定类型的情绪的集合。这使得他们既能反复强化人的共同特点，因此在农业、工业、城市化的陌生人社会，依然为人类保存相当程度的集体认同，使得人类似乎是一家，也支撑了权利、平等、民主等观念的发育。但同时，他们也永远被困在这种情绪谐振模式中，总是以相同的步调去过一座桥，从人类天性的认同小范围熟人社会的这里，到后天想达到的新的陌生人社会的那里，结果常常让桥崩塌，抵达不了真正想去的目的地。好心办坏事、无意的负面后果、在通往地狱的路上铺满了善良的动机，说的就是这种群体的情绪过度共振之后的结果。

而情绪的天性，给了市民以巨大的团结和集体认同的力量，同时也让他们昧于陌生人社会的现实，让他们在人群友好时鼓吹集体意识，在环境不利时却说风凉话、灰心失望，因此更快地破坏他们本来试图建立的共有认同。在这方面，给他们的解决方案是学习陌生人社会的知识。要认识到，熟人社会的道德共识，在陌生人社会中并不能自动保存和发展，有时甚至有害。执行的成本是非常重要的。异质人群的内部利益协调不能只靠感情、宣传和教育，而是要靠法律、仲裁、礼仪、权威，乃至阶层划分。采用什么方式，与特定案例中各方的成本和利益兼容有关。

在人际关系中也是如此，在觉得你跟他们一样的时候，他们的做法让你特别感动；在觉得你跟他们不是一类人时，他们又最强烈地怀疑你们的关系是脆弱的，不抱希望。他们说出最动听的话，也说出最伤人的话，而且都是脱口而出。敏感的性格，需要反复地宽慰才能稍感安心。同时对于人在环境中的变化和行为的执行成本毫不敏感，只要情绪认同还在，很少过问结果。在这方面，给他们的解决方案是学习人的心理需求层次理论、

第三章
― 社会情感的驱动 ―

经济学成本分析的常识，加强对人的行为的效果的管理和评估，而不是被人的花言巧语、空洞概念所诱骗。

虽然这些人的情绪驱动的性格模式，是我的因果分析的效率主导的性格模式的反面，但是，我比他们好不了多少。这两类人都受自己天性完全控制。他们都只是发挥自己的天性罢了，没有因此而有所超越，而是困在其中，动弹不得。好像在遇到结果不好时，他们会有所改变，但其实只是怪罪于环境不好、体制不好、遇人不淑、运气不好，用外因来为结果辩护，而不是管理自己的性格、应对多变的不同类的环境，连续稳定地积累一个又一个好结果。如果环境条件对这两类异常天性友好，让他们蓬勃发展，确实有时会带来令人兴奋的结果，比如个人的杰出成就、集体的群策群力团结一致。但是，环境条件对于每个人、每种性格是没有偏心的，也没有特别的恶意，在足够长的时间进程中，环境条件有时是友好的，有时是不利的，有时是中性的，每种环境你都会遇到。结果是，有时很精彩、很得意，有时很曲折、很受伤，其他时候都很平淡。综合的结果是平凡甚至平庸。让自己的人生结局完全受条件、受外因、受环境所控制，这是最让人不忍心、不甘心的。虽然我们不能完全控制环境，但却可以在适当的理论认识和刻意的实战练习之后，约束和节制我们自己的性格，在环境有利、中性和不利时，采取不同的分段的应对方法。

人生的旅途很短暂，我们却被自己的天性所捆绑。它提供了驱动力，同时又让我们落在它所能掌握的范围内，一旦我们过度使用它，将它发挥到极致，每个问题都用它来解决，这个让我们成功的性格，又让我们立即挫败。无论人的性格是理性效率主导还是情绪共振支配，还是像多数人一样介于这两者之间，人人无不如此。人生几十年，有利的、不利的各种环境条件，你的性格迟早会遭遇到，它们甚至周期性地出现，如果性格不作调整，你的人生结果也会周期性地起伏、大起大落。成功的时候得意洋洋，挫败的时候深感无辜，生活的狂风吹得你到处走，结果都很随机，完全不受自己控制，完全脱离自己掌握。这样的人生毫无外部风险管理和内部风险控制，长此以往，是令人灰心的。

所以，为了更好地生活，我们要调整自己的性格。调整的目标不是"形成自己内心强大的力量"这种说起来很好听但无法操作的目标。人的内心没有什么强大的力量。那些主动拒绝外部影响的行为，并不说明内心的强大，而只说明自我封闭，以及对这种自我封闭居然一直有效的过度信心。调整的目标也不是痛改前非，完全否定自己的性格，颠覆自己的人生。每种性格都有它的用处，完全否定不必要，也不可能为自己所接受。修修补补、打补丁是现实可行的目标。

我们的调整，是在认识自己的行为和性格的基础上，知道它的利弊与适用范围，在合适的时候调用它，在不合适的时候中止执行。决不任凭自己的性格带自己的人生只去它让你去的地方，纵情使性，我就这性格，然后将一切不愿看到的结果推到外部环境上，推卸自己管理和约束自己性格的责任。相反，要让你的性格为你的高级目标服务，在它有用的时候发挥它，在它伤害你的时候，花心思约束它。这种收放自如的稳定和可持续积累的行为，来自对自己性格的理论认识、实践自律、新的行为训练。性格好比程序，能跑的时候就让它跑，有 bug 就要调试。我们要针对程序运行的结果来评估程序，而不是因为自己天生装了这套程序，就对它形成顽固的自我认同，从此不再新装任何程序甚至补丁。我们的信心来自多组程序的复杂设计，而不是单一程序本身的绝对稳定。

第三章
― 社会情感的驱动 ―

　　每个人都是用自己的性格、后天养成的习惯在世间行走，好比一个个程序包在一个地形空间里运行。多数人都是按照自己的性格和习惯走了一辈子。虽然起点不同、结果不同；虽然天生配置的性格不同，有的侧重共情，有的侧重输入输出的控制和系统思维，但是，在受自己的固定程序指挥方面，人都是一样的。在合适的程度上，原谅自己没有超出自己的行为程序，也宽容那些因为特定的程序犯错的人。人非圣贤，孰能无错？人非草木，孰能无情？与自己和解、与他人共情。人活着不容易，人活好更不容易，精彩地活着，常常只是一时一刻，持续的精彩，多么罕见！如你没做到，你是90%，虽然简单平凡，但至少有开心的陪伴，不是也很好吗？如你做到了，一定要感谢老天。

　　我们要有改造自己的勇气，不仅为了你自己，更是为了让与自己关联的人的生活变得更好。这勇气不单来自理性分析、来自各种精致的物质的或精神的利己主义，而主要来自人间各处的情感。这种情感不是个人的主观情绪和片段感受，不是私人情感，而是社会化的情感。它不能孤立地存在，而是在与他人的情感沟通、确认、表达、再确认、再表达、再确认中存在。它不以自我为中心，而仅以自我为描述的节点。跟你一样、与你共振的人也是这种情感的共同作者。没有他人的确认，你都无法确定，自己心中的社会情感是真实的、有力的。没有他人的参与，你会不敢相信，你会犹豫，你会回撤到自我的领地。是情感让人变得勇敢，让人敢于去突破性格和习惯给自己已经塑造的一切，让人敢于做出新的选择，走出自己熟悉的心理和习惯，来到陌生的地方，那里你并不一定孤单，因为他们在那里守候。你有什么样的情感，你得到多大社会范围的确认和鼓舞，你就得到多大勇气。确认了这种情感，理性才被召唤来为它服务。社会化的情感不是理性要抽离的对象，情感率领理性前进；理性不必是激情的奴隶，理性朝着情感指引的方向努力，调整它的力度和节奏。

社会化的感情是有范围的、分层次的，我们从一个层次前进到另一个层次，每一个层次的情感你都要拥有，你不必在人间孤单，我们到底是社会情感的动物。相信情感，我们才愿意、才勇于行动、承担、前进。

相信爱、相信两人之间的爱、相信家庭内部的爱，才愿意为了更好的相处而做出改变，才会为了家族积累而努力奋斗，心里很踏实、很安妥。家族里每一个为了后代和后辈而奋斗的人，都是值得你感谢和感恩的，他们扩大了你的生命，他们的挫折就是你的挫折，它们的痛苦就是你的痛苦，他们的喜悦跨越千里来到你身边，他们的信念传递到你身上。

相信友情，相信朋友之间的情谊。一起成长的信任是宝贵的、难以复制的，而且成为催动人心的力量。今天的朋友常常星散各地，但谁说过，"海内存知己，天涯若比邻"。感谢伟大的中国诗词，让看似飘摇不定的友情得到它稳定的表达。文化越长，人与人之间的联结就越持久、越有韧性；人会死去，但文化将一代代认同这文化的人再次联结。

相信团队合作的友谊，才愿意为此不断学习新技能，突破既有的能力范围，升级自己的行为程序包；相信社会组织的理想，相信社会的大爱，才愿意超越自我、家族和社会阶层，为行业发展殚精竭虑，为社会发展四处奔走。感谢这些人带领你前进，在你无所成就的时候信任了你，在你萎靡不振的时候鼓励了你，在你不知所措的时候伸出了手。美好的东西也会消逝，即使有些团队、组织、企业因为这样那样的原因解散了、解体了、不复存在了，也要相信组织的精神和价值，只有这些能够团结住人，它们比理性计算的力量更持久，它们让人觉得工作也是人生意义的一部分，它

第三章
— 社会情感的驱动 —

们让工作不必显得苦涩，而是充满热情。

等到了一定时候或层次，还要相信民族的大爱，相信民族的脊梁，相信伟大的理想。为天下人哭，才为天下人谋，才有虽九死而未悔，才有为天地立心、为生民立命，才有全心全意为人民服务。让我们拥有赤子之心，不只拥有小我，拥有亲情、爱情、友情，还要超出小我的视野，倾听社会的声音，倾听时代的呼唤，与人间层层对接。

第四章

中国大时代

时代如飓风　潮流已转变

从个人生活的角度看，二十年前，在美国读书、在美国工作，也许是好的，美国的经济水平领先我们很多年，当年这种想法是很普遍的。十年前，一些人开始不这样想了，因为中国一线城市和沿海地区正在迅速发展。现在，很多人都不这样想了，中国各地都在迅速发展，似乎走到了指数发展加速的阶段，而美国，几乎没有发展。单纯从理性角度分析，还是回国发展合算。

不要盯住一时的收益，要看长远的收益。回国开始10万，过3年是15万，30岁是30万，40岁是100万，10年3倍很常见。税低，税后能有60%在卡里。在美国呢？10万美元，落下30%就很好了。还有上升通道的问题。35岁，在中国正好是成为公司管理层的时机；在美国，种族天花板就横在那里，跟随到老。不要只看毕业后一年的收入，要看毕业后十年的收入。但有人说，我看的是现在的收入、现在的情况，还是美国工作好。当然，眼光没那么远也是正常的。到时候看结果就是了。一年15万美元，落到手里有多少？7万美元，也就40万人民币。10年后呢？能翻2倍吗？国内开始一年15万人民币，5年后50万，10年后100万很多吧！而且还在管理层！聪明的人，

第四章
— 中国大时代 —

应该有一点战略眼光、超前眼光，不要一个萝卜一个坑，钱多就因我聪明。趋势很重要，发展空间很重要。

有人说，现在国内政经形势不明朗，想在美国待两年。我想说，即使国内明朗起来，待在美国的人也还是有理由给自己辩护的。知识分子往往是软骨头，热爱生活、阳光和空气，就是不愿在工地上流汗。要去尘土飞扬的地方，去大风刮起的地方。中国是这个世纪最大的风。有人说："留在国内的同学，很多人是乐观的，因为生活每一天都在向更好的方向变化，大家聊着谁买了新车，谁买了房子，谁有了孩子。而我们一切还是零。他们在职场上吃的苦，和我们在外面吃的苦，是两回事。但我们的苦并没有换来更多的回报。"我想说，一个人再聪明，聪明不过时代，美国已经不是这个时代的中心，请把自己的学识接入中国平台。而且，改革开放以来的这些年几乎是社会流动性最高的时代。再过20年，就只剩高科技的人有一点希望了。如果这30~50年的机会你抓不住，你一辈子也就这么回事了，你的家族几代人也就这么回事了。趁着还有机会，抓紧回到中国的市场和社会里扎根吧！

在美国读书依然有必要。虽然中国正在奋起直追，并在部分领域变为领先，但美国的科技和工商业教育水平依然是世界一流。但是，即使读书，也不一定需要待太长时间。以前我认为，出国读研究生，甚至本科都挺好的。但事实教育了我。出国的，有些也糊涂。很多人待久了，还矫情地说自己回来了不适应中国社会，好像自己在美国挺主流圈的，好像自己以前在国内读中学大学时很适应中国社会。这令人发笑。另一方面，国内的同学，有些也做得好。现在我的看法是，做学问的，哪里学术气氛好，就在哪里；不做学问的，可以在国内好的大学或院系读本科或研究生，中间出去交换半年到一年。到美国读本科，不见得很有意义，容易与中国社会脱节。到美国读研究生可以，读书的同时要在中国企业实习，了解行业实际需求。不管怎样，读完了都要赶紧回国。

以上是从理性角度看。从民族身份和认同的角度看，我也希望大家回中国发展。为什么我不赞同留学生毕业后留在美国，而支持他们回国呢？因为那是别人的国，不是你的国。记住这一点。你只有在自己的国，才能为社会做出最大贡献，得到社会认可，也为后代留下荫泽。只有把个人的生命和能量连接到中华民族，你所有的努力才不会被风吹散。今天你只重视个人收入，明天你就会面对孩子的民族认同问题。明天你觉得自己自由了，后天就会面对人生没有归宿的问题。站稳中华民族的立场，这不是小题大做。

但是，有一些人还无法接受这些。一个原因是教育偏见的传递。这些人在中学从老师、家长和媒体得到的观念是，美国是好的，所以在美国待下来，就好比小地方的人跑到北上广深待下来，是从农村到城市，是从封闭的世界到开放的全球。这是老观念了。2010年代占据舆论和意见舞台的人，大概35~45多岁，通常是出生于1965~1975年的一代，这一代人在1985~1995年正好处于价值观念形成期，遇到了西方文化热、南方周末热，推崇西方、轻视中国。当时的中国依然处在摸着石头过河的经济和社会发展阶段，前途光明，但道路曲折。文化媒体舆论界通常锦上添花，而不会雪中送炭，他们对中国社会不看好，对美国制度和文明很推崇，这是常见的情况。这种思想影响了80后和一些90后。

另一个原因是价值观的缺失。这不是一代人的问题，而是好几代人的问题。我估计，除了中国的10%不到的高阶精英坚持中国的前途，除了跟随、认同他们的中国老百姓以外，很多知识界、文化界、思想界、教育界的人，

第四章
— 中国大时代 —

是抛弃了中国的价值观的，他们不懂得中国的现实和发展，他们习惯于用欧美发展的今天来衡量正在发展的中国。也许他们人数不多，但他们是传播者，他们在一定程度上掌握着话语权。1840年以来的殖民和工业化冲击，摧毁了很多读书人和知识人的价值理想。农业时代治国平天下的理想，已经不存在了，他们全盘西化、追随欧美，即使有些民族在限制中华民族的利益空间，他们也为之美化，要求我们为之让路。这是一种隐蔽的种族等级制，与他们曾经的劳心者和劳力者的权利等级制的思维也是相通的，只不过从传统中国社会之内，推广到了西方和中国社会之间。这种不认同自己民族、逆向种族主义的思潮，在中国的读书人文化人中相当普遍。为什么？他们一向崇拜最大的权威，在中国历史上就是如此，他们的利益并不会因此受损，而依然可以榨取本民族老百姓的利益而生存。这种反民族利益的读书人，是民族认同和中华复兴在观念上的主要障碍。新的价值观，必须建立在民族利益、工业社会的基础之上，不能看到西方厉害就跟西方跑，求做西方新帝王师了。中国的文化悠久，不是那么屈服的。这是一个骄傲的民族，在危机时刻，常有民族的脊梁挺身而出，挽救民族于大难之中。

更重要的原因是不接地气，不了解实际发生的情况。他们没有偏见、也认同自己民族，但觉得还需要等待。知识分子和读书人本来坐在书斋的比较多，对着满屋书和满屏文章，编着概念梦，不理解社会倒也正常。但许多已经在市场和社会中的人也会这样，就是因为困在自己本行、本地的视野里，无法看到更大的趋势。接地气的核心是多看、多想、多交流、多实干。

宏观的回顾可以摆脱微观的隧道视野、局部眼光、小我利益。20世纪初民国推翻帝制，倡导共和，开启了一个新的时代，但他们对外依靠国外资本，受制于人，对内又无法进行彻底的社会改造。改造农业社会的失败，是地主乡绅阶层的失败，这些阶层基于个人短期利益，不愿支持一个强大的政治集权团体，但在工业化转型的过程中，这是绝对必需的，只有这样，土地和劳力才会被释放出来。指望地主阶层自动适应工业化，那也只能是轻工业，或者是为发达国家配套的出口导向型工业化，对中国这样的大国只在局部地区和一段时间适用，却不能持久。作为大国，中国必须拥有自主的全套工业部门。没有哪个地主集团或资本集团愿意或能够承担这样的长期积累，只有掌握国家决策权、超越短期和局部利益的精英组织才有这种视野、资源和能力。谁更彻底地改造了中国，谁就能有机会建设中国，为中国人民服务。新中国建立后，中国靠志愿军的英勇战斗和无畏牺牲赢得了前苏联的工业化的技术转移，靠公私合营的社会改造、靠农民的巨大财富牺牲和城市老百姓的巨大消费牺牲积累了初期发展的工业资本。这都是地主阶层或民族资本阶层所无法完成的工作。改革开放后，在无法全面发展的客观现实面前，牺牲中西部和非经济部门利益，优先支持沿海地区发展经济，让一部分人先富起来，民企和出口导向经济蓬勃发展。1994年分税制以后，中央做基础和核心产业，地方做基建、机械等产业，私人做轻工，地方和私人通常按照自身的比较优势来选择产业，确保企业可以赢利。老百姓为各级政府的企业和私人民企打工，获得工资收入。

随着生产能力积累和市场需求扩大，中国人的收入逐渐增长。到了一定阶段，许多本来掌握在政府手里的资源开始进入市场估值。1998年国家取消福利分房，启动房地产市场，中国城市居民和国企拥有的土地，获得了最巨大的货币深化，财富急剧增长，一二线城市居民在这以后积累了大量不动产。2005年人民币升值，中国农民工和工人的工资上升，逐渐培养出数量庞大的中产阶级。

第四章
— 中国大时代 —

非国企、非大城市居民、非农民工，没有赶上这两波浪潮，被经济发展的大潮抛下，这些人很多是读过几本书的人。他们对社会突然增长的财富不理解，在自己掌握的话语平台抱怨、抨击、诋毁，都是很自然的反应。但你受了这些人的观念影响，以为中国依然是一团糟，依然在制度上要出大问题，那就是完全不接地气了。这样说吧：1840年以来，尤其1921年、1978年以来，中国少数精英为实现国富民强的理想上下求索，经历了无数狂风骤雨，掉进了很多坑，爬起来，走了很远的路，终于在许多年后走出了一条新路。但实干家来不及总结，他们被各种紧迫的问题追击；读书人脱离社会发展的最前线，在书斋里、在键盘上想象社会，他们远远没有理解这个社会、理解他们努力搏斗的同代人，很多人连他们前辈们的视野和眼光都赶不上，甚至远远不如。实践先于理论，行动领先思考。在当时甚至到今天，能够理解社会局面的知识分子也不算多，比例也不算高。时代变化太剧烈，这150多年，尤其这60年、这30年，身处其中的人也许还无法看清楚；审美需要距离，历史需要时间，再过30年，也许人们都会同意，这几十年是中华民族最辉煌的开端。但我们能等到理论完成的时候再来做出实际的选择吗？不能。接地气、受感染、跟党走，是更好的选择。时代如飓风，潮流已转变！还对中国大陆及其体制抱有概念化和意识形态偏见的人，将来会后悔不已。

过去的30年，工业化和城市化给中国人带来了财富。一个人靠工资，很难赚到很多钱。几个人办企业，办成了，能够调动更多人的能力，利用更多人的时间，可以赚到一些钱，但多数企业都不会做大，大企业的数目是按幂律减少的，你办成大企业的概率极低，可能只比买彩票中奖的概率高一点。人要赚钱，还是要靠社会、靠国家、靠时代。一个国家在迅速改变时，你只需要做大家都在做的事，也能赚到很多。中国就是这样的国家。1980~1990 年代，沿海的人在大搞工业化，你跟着做，你赚到了。2000~2009 年，别人在买房，你也跟着买，你赚到了。未来 30 年，中国会发展多层次资本市场，推动经济从中低端制造业升级为高端制造，促进传统行业改造为工业互联网的生产和交易形态，在一带一路地区推进工业化和人民币国际化，经济机会依然巨大。跟着做，就是了。一个人再聪明，聪明不过时代。一个人再努力，努力不过趋势。

所以，去美国读书，回中国发展！不要为了 10 万美元的年薪留在美国一辈子。移民美国，那就更傻了！回国越晚，你就越不接地气，不愿了解实情，什么大机会你都错过，还把怨气撒在中国体制身上。学知识在美国，人生和职业发展在中国。切勿贪恋异国一成不变的阳光草地，中国过 10 年一定会有这样的环境。同时，学士硕士博士们的知识在中国的企业研发、科技转型、资本市场发展、人民币国际化中非常有用。中国就是 21 世纪最大的风，不要这时你却待在美国看松鼠。

第四章
— 中国大时代 —

修身齐家　从业兴城　报国行天下

　　人是带着石器时代的心智走入人间的。人类共有的天性在孩提时代、青春期初期体现得最为明显。你不需要父母教，就会爬会走；也不需要老师带，就会和小朋友一起玩；不需要大人启发，你到了年龄就会谈恋爱，这些行为就像小鸟离巢就会捉虫、小猫长大就会捕鼠。不需要刻意鼓励天性，因为人人会用。文明则是在天性的基础上加上层层限制，文明是天性的节制和补充。节制天性，不是消灭它们，而是让人超出小我，进入社会的大我，进行群内协作和群间竞争的广阔人间。节制可以通过文化、技术和暴力来完成；强制难度最大，技术则能协助，文化会从小将人训练成合作高手。一些人从理性计算和自由选择的角度来解释人走出私人小我、到达普遍之我的行为进程。我认为这是太困难了。由于人的天性是困在小我中的，要认识大我、普遍之我、社会、国家、民族、全人类，这需要过高的脑力，普通人做不到，聪明人也很难做到，往往以为自己做到了，却聪明反被聪明误，还是陷在一定范围的小群体中，看似自信，其实自大。而且，如果纯由理性和理论来指引自己，现实和生活变得快了，自己就会跟不上；你

打破自我的标签

不能等到熟悉所有重要的人生理论之后才开始生活。我想，从非理性、感性、熏陶、行为练习的角度来解释人的社会化行为进程，是更好操作的。要信任文化、信任传统、信任社会、信任组织、信任人类的情感，这些也能帮助我们行动，比理论更有效率、更直接，缺点可能是不够精确、可能出错，但在准确和效率之间，我还是愿意选择效率，毕竟人生苦短。当然也要兼顾准确，在不忙的时候可以专心读关于人性和社会的科学理论、文明传统、处世智慧；书读得好、用得到位，也能提升效率。

人类天性是在特定环境中适应形成的。原始人生活的群体大小为150人（邓巴数 Dunbar's number），偏好亲人、熟人之间的协作，推及被当作熟人的陌生的友善同类，这是群内合作（intragroup cooperation），它由亲选择、互惠利他、同类群体认同三个方面驱动。但是，人对文化信仰不同的或自己所认定有坏心的陌生人还是防备为主，这就是群间敌意（intergroup hostility）。各种文明的冲突是群间敌意的衍生品。不是合作才好，敌意就完全没价值。一定程度的敌意可以间接帮助人类，否则人类永远活在部落社会，懒得升级。历史上看，群间竞争推动了技术发明、组织等级化、军备竞赛、宗教和意识形态的壮大，这些都有利有弊，但没有它们，人类都无法跨出亲族群体的边界。

人类掌握了动植物的驯化技术之后，需要大量的土地资源，传统的部落狩猎采集的生活方式被放弃了。农业时代以后，人类不只是在一个亲人和熟人的社会网中生活，而要面对非我亲族的异类，从血缘群体跨越到非血缘组织。农业及其广泛的贸易，带来了陌生人的城市、国家、暴力武装、集权政治和意识形态。这些都不是人类天性所能对付的，需要新的文化来帮助人类适应，换言之，就是洗脑，或者，系统补丁。轴心时代的文明就

第四章
— 中国大时代 —

是先贤对人类进入农业时代后的文化补丁，修补只能适应熟人社交这种人类天性的不足。其中的杰出人物包括古希腊的荷马、修昔底德、苏格拉底、柏拉图，中东的查拉图斯特拉，印度的佛陀，中国的孔子、孟子、老子、庄子。他们的思想都有一个共同的要素，私人欲望没有前途，约束个人欲望，接受社会规则，否则只能陷入无休止的战争。这些人并没有发明行之有效的社会组织，他们只是对这些组织及其相应的人心、人性、思潮做了思考和提炼。他们是理论的总结者，实践在他们之前已经由国王、军队、巫师、术士等完成。

只要进入农业社会，人类就必须接受集权组织和意识形态的存在。这些不符合人的天性，人性是不希望有陌生人来管自己的。你可以把自己的行为进程交给你的父母、亲人、同学，因为你信任他们，但你不容易信任那些你从未接触的陌生人。然而大家都得接受一定的公共规则，才有社会秩序。孟子倡导修身养性，利用人的共情，强化共有的心，约束私人心性。宋明理学家甚至将符合共同规则的要求变成天理，反对人欲，走到取消天性的极端。走取消的极端不好，但放纵的极端也不好。反对一切集权，主张人人自由，纵情使性，想干什么就干什么，想信什么就信什么，这是犯了政治和意识形态的小清新病，是见识浅、是知识的贫困、是穷。如果拿这个来教人，那是迎合人类的原始天性、吸引破坏社会的年轻人，等待时机让他们做炮灰，简直是用心险恶。

相比于宗教共同体以神为终极目标，中国人在世界古代文明中的独特地方在于，我们是第一个世俗化的民族，我们以政治共同体为价值目标。农业时代中国古人的伟大理想，是基于规则的世俗道德体系，修身、齐家、治国、平天下。修身是生存必需。一个人不修身，保持身心健康，那就连基本生存都无法保障，更不用说作为一个人为社会做贡献了。齐家是第二步，建立家庭、抚养子女、传递文明。一个人在社会上飘荡，不种地不工作，天天玩不成家，那是混混。不要把混混当自由，还标榜为个人权利。成了家，不养家、不顾家，那是二流子。修身齐家是古代中国人男耕女织生活的典型标准。过了这一层，就是逐渐积累、培养后代参加科举，学而优则仕，入朝为官，进入治国层次。这些都不是普通人能办到的，只属于社会精英，为官一任、造福一方。再往上，就是平天下，为帝王师，上书房行走，从帝王的眼光看问题，帮助帝王解决问题。

这套理想、连同各种选贤任能的制度，尤其是科举制，在中国农业社会延续了几千年。但在中国被迫进入工业时代以后，这些都受到了巨大冲击。中国的工业化是后发的，需要巨大的努力，追赶先发工业国的成就，这对社会组织集权程度提出了极高的要求，也对国民提出了极高的要求。意识不到这两点，都会低估传统社会改造的难度。中国的农业社会过于成功，系统重装的难度也就最大。英国孤悬于欧洲大陆文明主体之外，在农业时代的边缘文明中，地主和教会阶层对社会的控制有限，商业贸易和工业新兴利益团体只通过光荣革命和代议政治就能取得主导权，现代财税和工业化次第展开，障碍不大。法国的封建制相对成熟，在民族国家竞争中该制度被集权的君主制取代，君主建立一定的中央集权，要改造这种传统农业社会，就经历了法国大革命的震荡。中国的集权政治比法国更为成熟而古老，为进行工业化所需要的社会改造比法国更为猛烈。经过一百多年的剧烈革命和巨大牺牲之后，伟大的中国人民及其伟大的精英组织，终于在挫折、探索和奋斗中，创造了新的国体和政体，推动了史无前例的巨型工业化，正在和将要对人类文明做出独特而深远的贡献。

第四章
— 中国大时代 —

　　工业时代与农业时代一样讲规则，但更抽象。在农业时代，规则解释权掌握在特定的高阶社会群体手中，比如县官、教士、乡绅，在工业时代，规则解释权则从具体的阶层转移到抽象的法律，专业的法律队伍建立起来，这是因为社会结构更复杂了，政治家只能管大政方针，宗教领袖只能管精神信仰，地主只能管自己土地的收成，多数人都在工厂、企业和市场中讨生活。最重要的是，没有特定的人可以让你永远待在某地；人们不再困于一地、一厂、一企，而是有很大的选择权。资本的高度竞争，带来了员工流动的自由。副产品是人们也不再容易在工作中结成熟人群体，变成了自由移动的社会原子。在农业社会，你依赖大家庭、乡绅地主，他们限制你，但也对你负责，你也许讨厌他们，但也信任他们。在工业社会，人的关系主要是亲人、同学或老乡，由于换工作很常见，同事关系并不稳定。人摆脱了社会等级制，就要自己对生活的未来负责。这不是一件容易的事！有的人理性很强，觉得自己很厉害，可以设计自己的未来，但很多人做企业，失败的、平庸的，还是多数。个人理性在聪明人都在竞争的社会，效果不那么大。没有足够强大的社会联结，你会感到自己在工业和城市中相当渺小。人很难讲一个自己的故事，即使有了故事，也很少有人来听。人们借助名人、品牌、流行话题、社会热点来维系彼此之间的认同和连接。但这种连接是脆弱的，它借助一个个抽象的符号，没有切实的亲身接触，热闹之后就是空虚。人是社会动物，还是要在具体的社会关系中才会感到自己有所归属。我们要尽快设计出新的社会群体的价值观，认同自己的行业组织、城市群体，跟随行业领袖和城市组织一起活动，这样，才能减轻社会原子化给自己带来的巨大决策负担。

　　所以，在现代中国工业时代，人所需要的价值理想就比农业时代更复杂。修身、齐家的环境依然存在，这两条保留。接着要加上工业组织、城市群体的内容，以适应工业化和城市化的社会环境。从事一个行业，加入一个行业组织，为行业的群体服务，我称为从业；建设城市，加入某些城市组织，为城市生活出力，我称为兴城。从业、兴城要为团队、为行业共同体、为城市谋划。不必以"最终这也是为了自己"来辩护；价值安妥不必是物质利益，它是不同层次的驱动力，是新的意义格局。你真信，你就能到达。钱多钱少你照做。相反，精致的利己主义则是脱离优秀传统文化价值层次的孤魂野鬼。从业，也是有节制的团体主义，要为部门和团队做贡献，但也要维护大局，不以小部门小团体利益，侵害大团体。兴城亦然。然后，国家与天下与现代人的关系也要变化。现代工业生产不再是扁平的自耕农的生产方式，靠读书人及其道德文章治国已不可行。除了少数经历各层政府历练、掌握现代社会组织技能的聪明人依然可以治理国家和社会以外，多数读书人将来要进入工业和服务业工作，所以，我将治国改为报国，以实业报国。天下如今也不是当年古人所以为的中央王朝权力覆盖的天下，而是各个民族之间或竞争或协作的世界，在人类还没有世界政府之前（也许一千年后也不会有），我们只能在自己民族和国家的保护下行走天下，所以，我将平天下换为行天下。因此，新的世俗价值序列就是，修身、齐家、从业、兴城、报国、行天下；自己、家庭、行业、城市、国家、天下是人的六级社会活动场域。以下谈细节。

第四章
— 中国大时代 —

修身齐家

修身是指保持健康的身体和心理。前农业时代的生存环境给人装配了很多饮食习惯，直到今天还在影响我们。人类很小就喜欢吃油腻和甜味的食物，因为它们包含丰富的营养。现在的问题是，农业化，尤其是食品工业化以后，食物是过于丰富了。没有足够食物时，人们以胖为荣，食物太多以后，人们以瘦为美，太瘦有害健康，现在是以健身为时尚。这个时尚估计会成为现代社会的基本存在，以后不健身，没人跟你玩。现在已经有这个趋势了！我压力很大！器械、跑步、徒步、户外，都要学着做起来。大肚子、粗腿子，现在不好混了。

心理是在各种社会关系中稳定下来的。工作以后，与亲人、同学，经常保持联系，中国人有各种节日，是伟大的传统，节日里家人、好友就应该团聚，这种其乐融融，不是理性分析可以代替的。很难在生活中信任工作中的同事，不是一个社会语境，但语境是可以创造的。与同行、同道定期交流，在一起打球、徒步、聚会，都有助于心理健康。心理不是一个人的事，而是社会关系的产物。

在没有参与工作之前，修身还包括个人的知识学习和技能培养。养成良好的作息习惯、学习习惯，对于青少年很重要。放羊式的方法，看似自由，其实是散漫，毫无秩序，没有积累，最终还是害人的。漫无目的、毫无方向的摸索，并不能保证到达目的地。多数情况只能是反复的徘徊。要找到好的老师、前辈来带领青少年学习，找到好的同伴一起学习、玩耍。

修身之外，是齐家。现在很少有大家庭几代人生活在一起，多数都是核心家庭，父母和子女生活。春节、中秋、家人生日，能聚在一起就要多聚。子女回家不一定有什么事，父母看了也不一定说什么，开心就是了，安心就是了。清明祭祖、端午探望，有时间的，都要尽量安排。没有族长、宗祠这回事了，但是家族前辈带后辈的传统还是有用的。堂表兄弟姐妹，在城市里定期交流，相互促进。中国人进入城市化和互联网时代没有几年，多数人都是不熟悉的，大孩带小孩，亲戚关系的天然信任，对于一波波人适应新社会，也许有点帮助。其中很重要的是带领后辈学习如何建立社会资源。

齐家这一条最主要的是自己的恋爱、婚姻、家庭。不谈恋爱，是不好的。努力工作，但也要生活。只有工作，没有生活，工作是为了什么？想找到更好的，但择偶时间窗口是短暂的，不能等到过去了再找，那时即使自己变好了，市场价值也降低了。而且，你不能把生活留到事业成功以后。事业是事业，生活是生活，理应并行不悖。事业讲理性目标和社会资源，生活讲情感沟通、长久陪伴、抚养子女，这些是不同的心理账户，不能放在功利目标的同类范畴中。聪明人往往不会谈恋爱，因为理性多了，情商往往就会低，老天是公平的，不会单独对你特别好，让你天生的理商、情商同时都高。工作太努力，生活都没有时间，是不平衡的，也不可持续，早晚出问题。不会谈怎么办？情商也是可以练习的。增加各种社会交往，与

第四章
中国大时代

更多人聊天，观察别人如何聊天，跟着学。会聊天了，真正与自己心仪的人在一起才不会慌乱，行为和说话才不会变形。科学书也可以帮助一些，我这里有书籍福利，在恋爱方面，我推荐杨冰阳的《完美关系的秘密》、《聪明爱》，端宏斌的《其实你还不懂女人》，坦嫩的《你误会了我》(Tannen, *You Just Don't Understand*)。

修身齐家的一个重要前提是教育，教育主要还是靠自己努力，与后面要说的工业化城市化、国家民族你单个人无法着手不同。中国人重视教育，教育可以一代代积累好的东西。本节也要谈谈教育或说问学，好的学问应该也是人的大脑的一部分，属于广义的修身。在这个问题上，大家最关心的问题也许是，学什么。

我想，在今天工业化、城市化和互联网化的局面下，最好的学习路径是：青春期读工业时代的中西方文学经典，大学先学批判思维，弄清概念判断推理，再学波普的科学哲学，学会检验命题，再学函数分析、概率统计、编程、工程、机械、电子，再学地理学、演化心理学、社会心理学、经济和制度分析、工业/商业/金融/经济/人类史、演化生物学、认知科学、决策科学。其他时间学自己专业。基本思路是先学这些硬学问，工科最强、理科商科次之、社会科学再次之，要用最好的青春，学最硬的、最难的学问。不用数学不建模的社会科学、文科的东西，都可以等大学最后1~2年再看，或者工作以后再学。现代社会毕竟是工业化、科技化，新闻、政治、法律、文学、历史、哲学、艺术等，在硬学问没有掌握之前都要少学。家庭环境普通的，更要从工科开始，不要指望第一代就从艺术开始，那是第二代、第三代的事。

现在有一种奇怪的舆论，说中国中小学学生学得太多，不快乐，要搞素质教育，要搞快乐教育。这是害人的言论！普通子弟，就要拼命学习，社会发展这么快，不赶紧学知识怎么行？有小朋友在一起学一起玩就很快乐，还需要别的什么快乐？快乐教育也许只是迎合了人的惰性。有人说自己对专业没兴趣或者不喜欢，于是不知道干什么。可以问自己：是否因为还没有找到喜欢的事就可以什么也不做？你找到过自己喜欢的事么？你为之做过什么准备、投入过多少时间？此外，喜欢不喜欢，真的那么重要么？Life is tough. 学到本事才是真的。不要矫情。Life is short。太多人把自己的冲动和感想当大件事。工业化、城市化的时代，这些几乎不值一提。不要轻易说：我不感兴趣、不是我专业、我想自由自在、我不会。学起来，痛苦起来，做不舒服、不安心的尝试。我一再强调，要学硬学科。方向是清楚的，剩下的就是找几个朋友，一起学起来！

有些人以素质教育为名，削弱考分的作用，企图动摇中国的高考制度。这是在误国误民！考试制度是祖先留给我们的伟大遗产，是处理社会公平最顶尖的人类智慧。全国划一的公平考试制度，是大规模族群合作社会的黏合剂，其基础地位不可动摇。考试内容可变，但分数面前人人平等的传统不可变。改变了这个，中国文化的宝贵内核就不复存在，中国社会阶层流动性的主要推动力就不复存在。分数平等，远好于通过暴力和政治运动消灭权贵的平等。公平的考试是中国社会的定海神针。分数面前人人平等、各地平等、各族平等的考试制度，绝不可以弱化，相反只能加强。高考应该全面恢复全国统考，取消某些地区独自命题的特权。独立的命题权，鼓励地区独立意识，诱发地域歧视，最终培养分离主义，动摇国本。如果一些人为了一己之私，改变、削弱甚至动摇这一制度，就会带来普遍的社会不公正，剧烈的城乡、贫富和知识分化，最终撕裂全社会，短期得利者最

第四章
— 中国大时代 —

终也会自食恶果。高考和考试在中国传统优秀文化中的地位，应该提到与春节、清明、中秋一样的高度，成为中国人共同的精神认同。

科举考试的内容过时了，但是考试制度本身绝不过时；需要改变的不是考试制度，而是考试内容。现在的考试，文学的太多，逻辑、数学、理工的内容太少，不利于培养适应工业化和城市化的现代人才。首先，强化语文论证。高考的作文应以考察文章推理论证为主，鼓励学生写出清晰明确的文章，而不是偏重辞藻华丽、文笔优美和情绪铺陈。文学和艺术不是公立教育的责任；哪个家庭要培养孩子成为这样的人才，可以自己想办法。公立教育用的是国家资金，没有义务为特定家庭培养他们所认定的人才，公立教育要为国家和社会发展服务。其次，数学和科学的内容，还要加强，不能削弱。有些文人觉得初中以后的数学没用，那是对他们没用。对中国的科技和社会发展，数学简直太有用了。不能让他们的这种言论影响教育的政策。第三，考试不好的，也要有新的出路。有的人动手能力强，解题能力弱，这里面有天生的因素，需要加强职业技术教育，为他们找出一条能力升级的教育之路。最后，中国的公立教育有千般好，唯一的问题是平均，区分不了学生。必须学习美国的 AP 教育，在高中开设特殊课程，满足学霸的知识需求。大学就更需要分别的教育了。暂时做不到，家长就要给孩子找各种额外课程。

有人说中国中小学教育不鼓励创造性，那不是所有人的问题，而是特定老师群体的问题。首先，记忆甚至死记硬背、题海战术的传统做法是有必要的，因为数学理科知识都逆人性，需要强制、纪律。但深度练习的确会更好。其次，多数老师不懂科学方法，也不会教学生，这不利于培养孩子创造力，但这主要还是教师平均水平的问题。大幅提高教师的收入，让更多人才进入教育界，安心工作，这才是解决之道。

还有议论称，中国教材不教学生独立思考，而以特定教育内容愚民，所以教育、媒体和知识界要从事启蒙。但结果呢？那些所谓关心学生人文素质和批判精神的人，开始给他们灌输在西方历史和文化条件下才适用的西方意识形态，或者逆文明的原始思维，反工业化、反城市化、反科学化，以为这就是独立思考了。

照搬西方、鼓吹原始，是教育界和知识界不事思考的两个主要弊病，其实都是偷懒。人类现代才发明的知识和技术，几乎都是逆人性的，必须经过持续的练习才能掌握；谁愿意每天对着抽象的公式感受人世美好呢？西方的文明成就已经摆在面前，直接拿过来多好呢！但拿什么？是拿工业化和城市化，还是作为副产品的意识形态？是要艰苦积累还是文人空谈？不教年轻人学理工科技、学逻辑推理、学工业化和城市化，却教他们民主正义平等概念大词，以为这样就能解决问题，还伪以独立思考的美名，这是教人偷懒、这是害人！新闻、政治、文学、法律、教育等专业是重灾区。文人以为搞几个大词就够了。政府论、正义论、历史的终结翻几页，抓住几个合意的词，就放炮仗。论证过程、立论前提、可实证性、可操作性呢？都不管了。听这些老师们概念扯多了，人就会脱离实际，不接地气，更可怕的，人的懒劲就上来了。所谓懒，就是回到原始人的思维和行为状态，不愿从事实际积累的工作，重概念、轻实践，多情绪、少论证，多议论、少实干。

无论东方西方，意识形态不能教会人们独立思考。但作为社会认同的重要部分，意识形态还是要教的。在中国，要教也只能教中华民族的意识形态。小清新的作文、辞藻华丽的西方价值观赞美诗，还有什么总有一种

第四章
— 中国大时代 —

什么让你泪流满面,这种文章从头到脚充满着腐臭、幻觉和异国情调。青年人从这里什么都没学到,除了哀怨、虚无主义和排斥社会。要真想学人文理想,那就修身齐家;老祖宗的框架很有价值。要独立思考,就学逻辑和实证,分析中国与西方的历史和现实,实事求是、小心验证。青年人的任务是学好本事,养活自己、家庭,再对公司和行业做出贡献,一个个阶段来。年纪轻轻,别扯些什么正义、民主这种不在你能力范围内的事。学生的任务是学习,学习工业化、城市化,学习数理工商知识。

从业兴城

工业化是现代社会的核心。参与工业化，才能抓住社会的杠杆。这要经历了解、认识深化、实际参与几个阶段。很遗憾，学校教数理化，但很少直接教工业化；家长和前辈要用工业化教育青少年，看工厂、看生产流程、看工业博物馆、讨论工业化。哪些内容呢？讲工业化项目的基本流程、技术现状、成本风险、利益相关方等。从历史去讲：从煤、蒸汽机纺织机、火车铁路轮船，到石油、化工、内燃机、汽车飞机坦克舰艇雷达、火电、天然气发电、核能，再到通信、集成电路、数控机床、导弹、航空航天、电脑、互联网、移动互联网、新能源。

一些工业化的视频节目也可以参考。我推荐《大国重器》，这是学习工业制造的好节目！第1集中讲到瓮福集团（磷肥工厂工程）、湘潭电机厂（矿山重载电动轮自卸车、风力发电叶片制造）、振华港机（港口机械制造与运输）。第2集讲到沈鼓集团（裂解气压缩机组）、大连光洋集团（高端精密数控机床）、徐工集团（大型起重机）。第3集提到中国北车唐车公司（高铁）、北一机床（重型数控机床）、沪东中华造船（LNG天然气运输船）。第4集提到山推集团（超大推土机）、陕鼓动力（工程总包）、沈阳机床（智能

第四章
― 中国大时代 ―

化数控机床）。第5集济南二机床（汽车生产线）、上海汽轮机厂（汽轮机核电机组）、阳泉煤电（火力发电热泵）、江苏双良（发电厂空冷岛）。高端制造将成为未来中国经济发展的引擎之一。第6集提到温州正泰电器（中高压电器光伏晶片）、无锡透平叶片、沈阳新松（工业机器人）。重工军工高端装备主要还是在国企，因为历年投入和技术积累较多。有些企业是国有企业改制、改造形成，有些是吸收国企的技术和工人队伍建成。

　　看了这种节目、看了工厂，能够增加对工业的感性认识。我们现在每个人的生活都离不开工业化，需要增加对这些事情的了解。2012年开始我在江南、广东等地旅行考察，看了很多工厂和企业，从小作坊、小企业，到流水线、大工厂、大国企，从化纤厂、摩托车厂，到火电厂、钢铁厂，大开眼界，对工业化的热情就这样起来了。有了实地的接触，再看工业发展的文章和书籍，就能掌握社会的主要脉搏。再说一遍，工业化是现代社会的核心；这意味着，其他不是，比如民主、自由、平等，就不是现代社会的核心。没有工业化，高大上的社会理想都不可能维系，那些都是在工业化实力之上的点缀和花边。

　　中国从西方和外国学什么？学习古希腊的逻辑和伽利略以来的科学、1830年以来英美法德日苏的工业化、近代以来陌生人社会的管理。其余的不必学，文化传统不同、社会历程不同，经济和政治体制、文化和宗教之类，少学为妙。从模仿开始，把他们已经会做的做到、做好，然后偶尔创新，已经很好。在逻辑和科学、工业化、陌生人社会的管理方式三个方面，努力学习并赶超他们的水平。

　　了解、认识工业化之后，就要亲身参与。不能站在外面看，不要做中国经济的旁观者。一个新技术，实验室研究提前5~50年；企业家规划和企业研发一般提前 3~5 年；天使投资提前 2~3 年；二级市场提前 0.5~1 年；等到已经可以大规模生产和应用的时候，他们都赚了钱，你只能在媒体上看他们的故事了。机会是给年轻人的，他们容易进入新领域；他们没有什么可失去的，因为本来就一无所有。所以也不要害怕，但要有见识。

国内企业研发的投入和能力都在飞速上升。无论新能源、互联网、电子设备、高端装备，都是如此。以前就是穷，活命要紧。过了这阶段，谁不搞研发？爬坡，开始慢，然后会加速上升，开始乱糟糟，然后会越来越规范，等到媒体报道时，你进入的机会已错过了。10 年前美国主流报纸不会报道中国企业、中国大妈、中国绯闻。现在深圳已是世界电子制造中心。按照多层次资本市场发展的政策，10 年内中关村有机会超越硅谷。到起风的地方，到尘土飞扬的地方！

对年轻人来说，四个领域值得重点关注：互联网、新能源与新能源车、高端制造、文化品牌。先看互联网和移动互联网。从个人电脑的互联网到智能手机的移动互联网，中国已经走在世界潮头。人们熟悉的淘宝在某种程度上重塑了整个国家的经济形态。因为淘宝，中国的民营企业有机会绕过地方保护主义，直接通过互联网，建立统一的全国市场。淘宝主导、各大电商跟进的销售变革，加上移动互联和消费革命，改变了中国商业和经济的面貌。内销市场正在出现全国性的消费品牌。将来，客户以手机下单，实体店变成体验店，品牌商按订单生产、零库存；物流系统电脑管理、卫星协助，万物互联；消费行为数据挖掘服务也成标配。中国从出口转内需，成为全球最大市场。这是多大的机会！

互联网也正在改造传统行业。政府推动互联网+，让政务、水电气生活收费、医疗、教育等传统社会服务在手机上进行。更重要的是传统工业的

第四章
— 中国大时代 —

互联网改造。来自电商和传统工业的人才正汇聚在一起,从交易上改造钢铁、煤炭、塑料、化工产品等的传统经销模式。未来做大了甚至可能直接收购实体工厂和企业,深化互联网对于工业的渗透。然后再加上物联网、万物互联,在工业层面也实现彻底的互联网化。

移动互联网改变了力量分布。1880年代以来的经理人体制可能到头了。传统工商业模式可能被颠覆。信息不再沿着科层制和金字塔从上到下流动。数据从散点通过网络汇聚到提取点。造成社会去中心化的不是人、政治,而是网络、技术。新的商业和工业形态将不断涌现。互联网解决社会痛点,这是青年人的机会。没有钱,没有资源,没有地位,可以,但至少必须有思维,有站在未来、定义未来、创造秩序的雄心。抓住痛点,就是改变旧秩序,打造新秩序。青年人,你失去的只是锁链,你将拥有未来一代的世界。

第二个值得重视的方向是新能源和新能源汽车。工业化是现代社会的核心,能源是工业化的核心,因此,能源是现代社会的核心的核心,能源互联网则是现代社会的核心的核心的最尖端。要关注新能源!光伏、光热、风电、核电,简称光热风核,为人类提供新的替代能源。石油煤炭天然气这些传统化石能源依然重要,但新能源也会日益壮大。在新能源和传统能源提供的电力下,人类的出行工具可能正在和将要经历一百多年以来的一场巨大变革。以电力或其他燃料而不是以汽油驱动的机动车,日渐重要。中国在电动车发展上不落后于日本和美国,甚至在许多方面处于领先地位。我相信、我期待,十年内,中国大地上30%的车都是混动电动车或纯电动车!

第三个是高端制造。按照中国政府的规划,要力争在高档数控机床、电力装备、工业机器人及智能装备、航空装备、船舶和海洋工程装备、先进轨道交通装备、节能与新能源汽车等若干关键领域实现重大突破。这些

打破自我的标签

就应该是理工科青年人努力的方向！不要觉得政府干不成，中国政府在过去几十年想干成的事情，没有哪一件没干成，跨越了一个又一个高度。如果一个人总是可以越过前高，你要相信他还可以越过下一个新高。不要等着它最终衰落，那时你可能老了，甚至不在了。要把自我有限的人生投入到时代的洪流中去。这样才能四两拨千斤，用平台和系统放大自己的成果。

第四个是文化品牌。随着中国经济崛起，年轻人对国家和民族的认同，也越来越强烈，中产阶级最后连知识分子，都会跟随中国大妈的脚步，认同中国的品牌。西化导向的品牌和生活认同，在十年内将逆转。这里也蕴藏着精彩动人的中国机会。汹涌澎湃的工业化与城市化洗礼后的东方浪潮将席卷电影、音乐、文化、服装、时尚等各个领域。中国社会的意识形态和主流舆论也将大规模中国化，展示一个工业化现代化的中国气象和东方风度。

了解工业化的历史、现状和趋势，对我们选择工作至关重要。工业化利用能源大规模生产、在城市进行资源和产品的集中交换。产品标准化，大规模生产，产量巨大，满足更多人；以获得的财富再交换别人生产的其他产品，不是小农经济的自给自足。观察的重点是，以什么可复制的方式满足了多少人的需求？你要选择用可复制方式满足最大可能多数人需求的事业，这样才是最好的为社会服务。

大城市长大的孩子，父母也许教育子女分析社会，也通过大城市的耳濡目染，加上一些思考，较早明白工业化生产方式，利用机器来复制产品，也组织团队来工作。这是说，在大地方生活，父母和老师教得多，就容易理解工业化和城市化。但小地方长大，或即便在大城市但父母只是指望孩子自己读好书找工作的，会待在个性爱好的安全心理地带，做好分内事，

第四章
一 中国大时代 一

问心无愧，如此而已，没有充分利用自己的潜能和工业化的系统。

在决定从事什么职业、如何从事时，是基于个人的爱好、个性和选择等主观标准，还是"以可复制的方式满足更多人"的客观标准？在小地方长大，或成长时的指点少，强调天生的东西，个人兴趣、爱好之类，但不太理解大规模生产标准化产品的工业模式，不以服务更多陌生大众为目标。人怕入错行！以爱好为标准，你工作你快乐，但100多年来的工业化生产方式你一点没用上，能跟人交换的产品少；以可复制和服务人数为标准，用工业化升级行业，3~5年上一个台阶。在服务业，同样的服务重复对一个又一个客户提供，琐碎、低效。单独个案操作的服务业态在工业化前就存在；虽然麦当劳、真功夫将餐饮工业化，但服务业还是单独个性主导。35岁前拼命干活，一个一个做，即使积累了人力资本，每次也要重复生产。如无法工业化标准化产品化，从业青年人就被管理层反复榨取，35岁后体力下降被抛弃，换一茬新毕业的。会计、律师、教育、培训，甚至投行，好像都是这样。如果你已经进了这些服务业，怎么办？把这些服务行业尽量流程化、工业化。

有人说："现代化、工业化、金融自由化只属于少数人。大多数人就是生活。"一语惊醒梦中人！记住，现代社会的核心是工业化。金融是用来支持工业化的。那些反对工业化的、反对金融和资本市场的，要么是真傻，要么是诉诸普通百姓的原始审美和天然偏好来卖书。不懂工业化，你这辈子可能就这回事了，你们几代人也许就这么回事了。

城市化的历史比工业化更早，它是与农业一起出现的。对城市化，也有一个初步了解、认识深化、深度参与的过程。想理解城市化，可以看看里德利的《理性乐观派》(Matt Ridley's *The Rational Optimist*)，写得真好！

人类就是从部落出发，驯化动植物获得农业技术以后开始城市化，城市与城市连接形成国家，国家与国家连接成为联盟，或者统一为帝国和王朝。但帝国能支撑的人口以可供养的土地资源及其农业产出为限。工业化以后，人类的生产则以化石所能提供的资源为限，这极大地提升了人类的生活水平。

城市的特点是密集、密集、高度密集。人口密集的地方人口越来越密集，高楼大厦多的地方高楼大厦越来越多，创造财富的地方财富越来越多，分工深厚的网络分工越来越深厚。不接受这种正反馈效应，就无法理解城市化。美国城市化是半失败的，除了像纽约市、芝加哥、洛杉矶和旧金山等少数例外，大量人口分散于郊区的独栋屋，人均能源消耗远大于日本、新加坡、中国香港。中国作为人口大国，不能走这种资源巨量消耗的美国郊区城市化道路。相反，中国要加速建立一些超级大都市、配套的卫星城市，用城市群来节约能源和减少资源消耗。在长三角、珠三角，这样的城市群已经初具雏形，上海、深圳、广州及其周边城市群，已经蔚为壮观。但在京津冀地区，由于北京的基建设施不发达，城市建设严重落后，无法发挥巨大的外溢效应，导致周边城市也发展不好。

人口和人才的均匀分布会更符合人的150人部落直觉，符合人的小国寡民的原始、纯天然、非洲稀树草原的审美观。但大城市是陌生人社会，依照索取和控制资源的能力，各个城市人口呈现正态分布，甚至幂律分布，少数大城市人口极多，许多小城市人口极少。这是社会的数学规则，就像地球引力一样确定。个人还是不要与之对抗，而是首先要适应它，尤其适应人才密集的大城市环境。政府也不要与之对抗，而是要因势利导，不能违背规律搞平衡。

大城市发展得越好，小城市才能相应发展；大城市发展不好，周边城

第四章
— 中国大时代 —

市都很难发展。集中资源发展大城市，级差地租上去了，发展商和服务业赚了钱，可以到周边去发展，带动周边城市；如果把资源分摊到中小城市，发展会很慢；大城市发展不好，小城市也发展不了。这个道理就像企业，小煤矿太多，问题也多，发展有问题，集中发展大煤矿，赚了钱，也能把小煤矿变成中大煤矿。集中发展，才能获得资金、技术、人才，然后再适度分散，发展周边。放任小的发展，效率低，大的也发展得慢，最后大的、小的都发展不好；集中规划发展大的，后来小的也可以发展好。这是经济发展的一般规律。

一些中国大城市本身没有发展好，还收紧户口，控制人口流入，坐视自己引领未来超大城市潮流的机会丧失，如在睡梦中。大城市该多大，经济机会和社会资源集中度说了算。谁说了也不算。没有机会和资源，用政策鼓励，人也不会去。有机会和资源的，用政策限制，人也会去，只是要付出其他的代价，不是货币价格，而是非货币价格。用非货币的形式来定价，效率较低，引起租值耗散，例如各种看病上学的社会问题。非货币代价太高了，生活不幸福，不能安居乐业，年轻人可能也逐渐撤离了。大城市如果不趁着年轻人多的时候发展基建和社会公共服务，留不住人，将来就麻烦了。随着中国年轻人口剧减，未来大城市不断增多的老年人的社保和养老金谁来交？预期5年内中国大城市将展开抢毕业生大战，人口政策180度大转弯。

有的人觉得城市拥挤了，是因为外地人多了。这更是无聊的说辞，又想享受人口聚集带来的财富增长的好处，又不愿哪怕上下班高峰期挤一下地铁。不要沉沦于本地外地的无谓争论，这是很low的。三代以前，中国人都来自农村。一路往上追，都来自几万年前的非洲，为什么不回到东非裂谷和稀树草原呢？

　　大城市的优点不只在于大楼密集、财富密集，它的更重要特点还在于人才密集、知识密集。刚工作你会觉得，你会的别人都会，自己就是个渣。但深入你的行业，三五年你将学会很多，比在学校里学得可能要多很多、快很多，因为竞争激烈，因为工作的人都在拼命学习新东西。大城市智力高度密集、信息高度密集，你在大城市过三个月，相当于小地方过一年。要了解城市，就要去那里生活，一个城市不够，要多个城市都看看、多跑跑，比较、经历、体验，对城市就会有更多认识。在高楼大厦看城市的夜景，在高架路和地铁体会交通的方便快捷，在大城市接触各种各样的出色的人，你才知道城市是真的好。

　　大城市也有缺点。密集带来的结果是拥堵，尤其上下班期间。尾气污染比非城市地区严重。这些很难完全避免，但可以适当改善。问题就是需求，基础设施建设和城市规划很重要。在好的规划下充分建设的城市，人均能源利用率、人均生产率都远高于居住分散的小城镇。教育和医疗的人均资源也远高于普通地区。医院学校集中于大城市，是人口密集的结果而非原因，先有人口密集，引发医疗教育需求，学校医院建得好，后来更吸引人口，形成自催化的正反馈。

　　虽然城市有各种缺点，但很少有人真想回到看似自由自在的小农生活。一些人对农业社会的眷恋只是一种思乡病，好像几千年前农业社会的人怀念人类祖先的狩猎采集、篝火晚餐一样。农村乡镇人口流失是城市化和工业化不可避免的结果。村里向镇里集中，乡镇向县市集中，市里向省会、单列市、北上广深集中。感谢中国飞速发展的高铁，将许多城市连成一片，几个小时之内就能到达，现在非高铁地区的人口向高铁城市集中。凡是

第四章
— 中国大时代 —

没被高铁和动车连接的城市，都将被边缘化，面临人口流出。中国大城市的人口密度极高，欧美罕见，仅东京、首尔、香港等地可比，但中国将建20~30个这样的大都市，人口都在500万以上。关于中国，我们欠缺的是想象力。以你们的智力，一定要坚毅决绝地留在北上广深，未来可适当向南京、杭州、苏州、佛山、厦门、武汉、成都、重庆、西安、郑州、天津、沈阳靠拢，深度参与中国的大城市发展。

这些年有一些人从北上广深向美英加澳移动，但10年后，世界会怎样？我相信，最后多数还是要回到北上广深。这几年中国经济因为房地产和相应制造业产能过剩不太好过，但却是浴火重生的时机。错过这个回国时机，出国的你也许再也不想回来。接着，你会错过整个中国世纪。在你人生的高峰期，你将21世纪最重要的崛起生生错过。你老了，你的子女会如何看待你的决定？工业化和城市化来得太快，民众心理上一时接受不了，有些人就移民了。从小在城市长大的第二代，有这个想法的人就不多了。到欧美成熟的工业化和城市化地区享受平衡的稳定生活，是个体的权利，但生生错过今天尘土飞扬、但终将伟大辉煌的中国工业化和城市化进程，将成为这些人一辈子的遗憾。时代如飓风，潮流已转变。毕业那一天就登上回国的飞机，回到中国的大城市。

在工业化和城市化的大背景下，我们要尽己所能，为行业和城市做出贡献。从业的核心是，参与工业化、互联网，先有一技之长，占据一个位置，逐步为行业做出贡献，最后达到引领行业发展的地步。兴城的要旨是，在城市工作、生活，先安居，再逐步为社区服务，为城市的某个片区做出贡献。

报国行天下

在修身齐家、从业兴城的基础之上，就是为国为天下做贡献了。中国古人的理想是修身齐家治国平天下，以农业时代的国与天下为己任，为超越个人与家族的精神指引。1840年以来国败，遂退缩于家以至个人，读书人成为无根之游魂。民国跨出了探索的一步，新中国在工业化和现代化的道路上大步前进。实践已经逐步丰富起来，但还需要理论升华。今天的知识人急需构造工业化条件下的国与天下的价值论述，以为新指引。

国与天下的概念不需放弃，而要重造。首先，国不是道德概念。在古代，国的解释权为读书人和官僚独掌，容易带来概念狂热、道德虚伪。今天，国的内容要有公开指标、大规模验证，不能由个人、团体、阶层来单独解释。如高举道德大棒，就不能团结人，反而离散人心。有信念，同时要以结果为导向。一切都要实事求是，概念可测度，命题可检验。传统的国是道德意义大，实际利益的内容少。农业国的读书人以为文化就是国的边界，但侵略者不会管这一套！儒家从德性主体转出知识和政治主体，从内圣化外王，以为道德可以转化出实力，这是把道德当奇迹制造者。但没有实力，连道德解释权都不会有。而且，这种思想也无法避免认外族人做新主，特

第四章
—— 中国大时代 ——

别是如果这个外族接受了中国文化传统的话。这是传统知识分子的思想失误，不值得宣扬。在工业化时代，中华民族有它确定的国土边界，不是一个单纯的道德和文化概念。我们的国就是在这个边界里的国，它靠实力支撑我们每个中国人在地球上的生活。所以，国是个人、家庭、公司、政治团体、政府等多层协调的现实和价值合一的系统。在今天的中国，以工业化、城市化、法治为途径，以中华民族复兴为目标，既是现实存在，又是价值认同。

在国家和民族之上，并不存在更高的世俗价值。有些人讲普世价值，但这是西方人自己对自己的，公平正义、自由人权、人是目的的普遍原则，只是他们对内宣传的理想，对内做得也许还好，但对外族人、外国人并不这样。王小东在《天命所归是大国》中清醒地指出，只有自己的国家、民族才是我们的真实立足点，没有什么普世价值，只有民族利益和个人利益；个人利益在民族利益下得到保护，民族利益又是为了个人利益；抛弃任何一个方面，都是不行的。从概念实证的科学视野来看，个人利益的大小，以国家和民族的实力为前提，可以从财政、军力、生活需求等硬指标的角度去讨论，不能用道德、理想、价值、意识形态作为依据。人是生活在现实条件下的人，不是生活在理想空气中的人。

天下则是以科学理解的人性为基础的文化和精神共同体，比民族国家的范围更广，目前只能是一种理想。人性只能适应亲人和熟人群体的小社会环境，超出这个范围之外的陌生人社会就需要文化认同和共同价值，目前只是在民族国家的局部范围内实现了。超出天性的人类普世规则只能是文明的产物，这需要：一，各个主要民族的文化内容基本一致；二，违背规则的民族或群体受到全球认可的世界警察的惩罚。这两个条件目前都不存在。英国曾经是一个全球帝国，但没有对所有被统治民族推行个体自由和平等，而是汲取殖民地资源，为自己民族的人所用。美国也是以国家利益为依归，哪个政府亲美就支持哪个，不管他们的人权和自由，人权和自由只是反对不听话政府的口号、提高谈判要价的砝码。群内团结、群间敌意，讲一套、做一套，这是人类天性的反映，没有超出人性。除非人类各民族进行深度融合，天下是很难实现的。在我们有生之年，能够实现的是国。中国人要理直气壮维护中华民族的利益。这当然不意味着战争、对抗，合作、双赢也能维护自身利益，但该亮剑的时候，就必须亮剑，该表明立场的时候，就不能含糊。

一些人特别是文科的读书人，对代表整个国家的政府不大认同，认为它集权、专制、干预社会太多。政府在很多方面的确还有改善的空间，但他们不是实际研究问题，帮助政府出谋划策，而是诋毁、攻击、嘲笑，这就不是简单的认识问题，而是立场问题。在私人场合讲讲也就罢了，在课堂、媒体、互联网上宣扬，影响青年人，激动他们的热血，让他们无心向学，那就是害人了。有些人对国家不认同，也不理解国家在做什么，还说待在美国就是普世主义。其实也就现在赚钱多点，个人利己主义而已。又说很自由，其实因为你是外族人，别人不带你玩而已。只是待在外面赚点钱，养活自己、养好家庭，这按中国传统来说，只是修身齐家，是脱离国家、民族的游魂。个体主义和自由主义的叙事，如果容不下国家和民族，就是一种虚假。

西方近现代的一些价值和理想，本身也是历史条件的产物，并不见得有什么普遍的真理在里面。近代西欧大讲个体自由，是因为中世纪教会压制个人，要个人交税来服务僧侣阶层，同时，世俗的君主又专断，不善于

第四章
— 中国大时代 —

统治。在这两种势力面前,自治城市和商业阶层要获得话语权,就要大讲个人自由、个人对于教会的自由、个人对于任性君主的自由。这种自由的实质就是自己阶层的生存权、发展权。英国光荣革命后,商业资本掌握政权,政策和规则都倾向于商人和新兴中产阶级。商业无国界,但政治家却要照顾底层。外能御敌、内能补贴,能撑住的国家,靠军力在殖民地抢,靠工业化把平民转变为中产,又靠货币全球通行而产生的铸币税来搜刮财富,三个手段齐下,维持社会稳定。地理大发现后到处建立殖民地,获得了社会转型和工业革命的原始资本积累,第一、第二次工业革命生产率猛升,第二次世界大战后电子和信息革命生产率继续升,全球化后金融资本横行,美国的财富继续增加。欧美商业资本主导的个体权利和社会福利的宣传,本民族自己人也信了,以为这是成功之源,但同时发生的还有工业化。没有工业升级,财富不增长,福利水平无法维持,人权就变成空谈。工业升级是因,人权福利是果。除了工业化,还有近代的殖民地、现代的金融全球化,都给欧美贡献了大量财富。哪天工业升级不了、美元铸币税减少,而社会福利又太多,财政撑不住,内部就会出问题。

我以前也觉得驯化权力很了不起,现在不这么想。西方人根本就没有驯化权力,而是在近代学会了不要像以前的绝对君主那样任性、武断,于是拿着权力制衡的制度来限制任何人都这样的权力。这没什么了不起的。权力制衡的好处是不会有人君临天下犯下大错,坏处是内部争执、议而不决。有外部威胁时,内部可能抱成团;外部威胁不明显时,可能会一直争吵,政治瘫痪。瘫痪是一种美吗?瘫痪是权力驯化的目的吗?别扯了。议会制度并不是和平年代的最佳决策机制。在没有竞争的情况下,它是最不坏的制度,但德国和前苏联的国家主导的工业化,成就斐然,迅速赶超英国和美国的工业水平。德国因为挑战英美、前苏联因为不顾民生大搞军备竞赛，相继出了问题。它们都因为贸然挑战世界强权而失败。但政府主导工业化的模式，比政府什么也不管、私人企业带头搞工业化的英美模式，效率高得多。美国在罗斯福政府和第二次世界大战之后，已经变成政府高度参与经济的国家，奉行的早就不是原始自由竞争的资本主义，而是有政府规划的、有美国特色的资本主义了。20世纪90年代美国成为超级大国后，内部没有苏美对抗时那么团结，二十多年来，已经很少出现重要的决策了。由此可见，权力制衡、议会制度，不是天然就好、本身就好，而是只有在外部威胁时才会团结一致、有效运作；没有外部威胁，内部各个利益集团相互拆台、相互抵制，就成了常事，自己为了利益吵翻天，只要民众能够维持生存，哪管他们！

所以，权力不是被自己内部人驯化的，权力是被外部威胁驯化的。拿着洛克、孟德斯鸠、罗尔斯的政治理论招摇的，有没有思考这些理论的可验证性？通常没有。说现代政治文明的基点在于权利对权力的约束，这是概念游戏。说现代政治文明认可个体权利的优先性，那落后就要挨打怎么算？他们剥夺殖民地的时候怎么说？说普遍人权很重要，自己国家内部的民族问题怎么说？甚至，说人权和自由保障了自己的工业化发展，也不一定对。因为同时或先后发生，并不一定意味着有因果关系。即使有因果关系，也完全可能是这种情况：个体权利水平不是生产水平的原因，而是它的结果；西方的个体福利多，靠的不是自由的价值观，而主要靠工业化；一旦福利水平相对于工业化财富增长太快，财政就会失衡；靠军力收铸币税，也撑不住；福利刚性将带来欧美社会动荡；被自己的意识形态玩死，是必须的。

所以，对于西方的价值和理论，有些部分可以用的，就拿来用；不好

第四章
——中国大时代——

用的，就扔掉。原原本本的西方价值和理想，本身就是一种概念想象，在西方社会并不存在。我们借鉴西方所长，为的是建立中国所需，不是为理想而理想、为价值而价值。中国人的价值理想，都是世俗的理想，这是民族的文化习惯。我们也不需要超越的、纯粹的理想。那些抽象的、普遍的理想，害处大于好处，宣传大于实效，不要也罢。我以前也受一些理论的影响，但这些年的读书和实地访问，教育了我。文人化的轻蔑言辞，反映的是自己的思维狭隘，而不是理论的高超。几年前，我也不会关注国企新闻和领导人访问的企业。但那是因为我无知，是读书人的清高病、坐而论道概念挂帅的旁观症、因为不懂所以什么也不做的行为惯性。在中国，实践比理论更出色。要跟紧操盘手、决策者、实干家，他们用真金白银、家族荣誉和人生命运，管理着国家、社会和企业，一些人还做了理论总结，推动了民族文化前进。相比之下，中国的一些喋喋不休的"知道分子"，玩弄概念，反对工业化、城市化，反对集中决策，很多时候都不是基于权利和正义理论，而是无法摆脱的农业情怀和部落思维。其实就是穷，见识的贫困、知识的贫困、思想的贫困。他们吸引的往往都是没钱、没思想、恨社会的穷人和社会边缘群体。跟这些人同路，你就是一辈子loser。

由于西方的领袖美国二三十年来缺乏变化，中产阶级衰落，内需市场增长乏力，中国已经成为全球工业化和现代化的主要阵地，这几乎是不争的事实。中国未来还将成为工业时代的科技、思想和文化创造的主要阵地。西方一些人看到中国的发展不按他们的常理出牌，就以为中国要出问题、要崩溃，这反映的是世界老工业化体系的既得利益对新兴工业国的无知和轻视。但事实上，中国正在赶上并开始全面超越西方。从经济上看，中国学习、摸索的政府主导的后发工业化道路，本来就比自由放任的发展道路更有效率。这是德国、前苏联、日本的工业化历史所证明的，也是美国在第二次世界大战后部分接受的做法。中国这个近代落后的大国也只能选择这样一条路。中国政府领导人民一起拼经济，资本只起辅助作用，这不同于首先工业化的英国，英国是工商业资本主导社会的工业化，政府在旁围观。

从政治上看，中国在传统官僚制度上改造形成的党政两分的新型制度，也比议会制度更为可靠。党负责决策，政府负责执行，每个高阶官员都是经过长期历练、层层选拔出来的。这种职业政治家制度保证了他们不会受到地方和局部利益的过度干扰，可以一代又一代沿着正确的大方向前进。虽然经历多次挫折，但都能不断纠错，一种政策不行，就换一种，有高度的适应性和灵活性。无论存在外部威胁还是和平年代，这种制度都能转变政策、持续升级。相比而言，美国的政治制度是缓慢的、低效的。一个强大有力、高效决策的党组织，是中国超越利益团体分散决策的美国的基本制度保障。

从文化上看，中国的确较为弱势。文化是财富的延续，中国人穷了一百多年了，文化落后是自然的。西方人在这几百年来对人类文明所做的贡献，是极其巨大的，西式价值观现在也仍然有大量的历史和现实证据，还有社会发展背书，无数杰出的文艺作品也是西方财富和价值的证明。但随着中国人逐渐摆脱生活需求，追求文化和精神产品，中国的工业时代新文化必将涌现。不能完全依靠传统，中华传统文化脱胎于小农中国，必须注入工业化的筋骨，要经过工业化、城市化、科学化的改造，升级为中国新文化。从社会文化看，中国人历来重视家庭和社区，这比西方个体主义文化和社区贫富分化的状况要好，但也要结合城市化、互联网化的新情况

第四章
中国大时代

来分析。

从思想文化看，这30多年来对外开放，以美欧为市场，沿海学中国香港、中国台湾、韩国、日本，轻工崛起，民众生活改善，但这种市场依附的工业化也带来民间和学界意识大幅倒向欧美，100多年的革命史，60多年军事、工业的救国史、建国史，尽遭忽视。即使中国社会飞速发展，迄今也缺乏普遍获得认可的、现代化的价值叙事。有了，才能争取更多的人；没有，总是说公知和小清新不动脑筋也没多大意思。有本事就超越洛克、斯密、孟德斯鸠、凯恩斯、罗尔斯、亨廷顿。这些要靠从事理论工作的青年人，对中国过去100多年，尤其60多年来的实践进行挖掘和提炼。

文化上的重要问题是增强对意识形态的辨别力。一些西方国家及其意识形态吹手攻击中国体制，不是为了中国老百姓好，而是为了从思想上瓦解中国。打败一个具有强大政治竞争力的组织，是他们的民族利益所在。欲灭其国，先灭其史。决不能用西方人的视角来解读中国历史，尤其是近代史、党史、共和国史、改革开放史。对历史的解释、对民族的认同、对政府的支持，是陌生人群体保持黏合度的主要心理程序。要守卫这个心理程序，决不能任由它为外来敌对程序所取代。要用科学的人性和社会理论，来统一解读西方和中国的历史和现实；要明白这一切都是群内团结和群间斗争的体现，要坚定地捍卫中华民族的利益，要支持为了这一利益不断奋斗的党和政府，要鼓励一同奋斗的伟大的中国人民，而所有这一切，都是为了每个中国人的利益、为了每个中国家庭的幸福。如果抱着残缺的价值观、抱着缺失的人生理想，即使学了一堆知识，但选错了国家、站错了立场，最后也会被遗忘。要真心相信小时读书学的，爱社会、爱国家。

打破自我的标签

总结一下。个人的性格和习惯有的是天生的，有的是成长期由社会微环境养成的，这些在你学会自我反思之前都已经装配到你身上，成为你进入社会的入场券。然而，它们在现代社会不一定是适用的。所以，我一直强调，放低自我、服务社会。这首先是一种理性考虑。在家庭中、在工作中、在社会大环境中，都需要不仅仅考虑自己可以得到什么，而要考虑自己可以给对方提供什么。其次，更重要的是，它是一种社会和文化的自我认同。中国古人一直在启发我们，孔子说要有广泛的共情之心，以仁爱对人，孟子说要培养自己的浩然之气，不要小气、不要受困于自己的冲动和偏好，后世的学者更将这些变成流传千古的精神价值序列：修身、齐家、治国、平天下。放低小我，不做小写的人，小人常戚戚，君子坦荡荡，要做君子，做大写的人，为他人、为社会服务，把有限的人生投入到无限的为社会服务之中去，这是中国优秀传统文化的基本精神。在这种文化的熏陶下，中国人有深入而广泛的共情，一起协作，才能建立一个和谐美好的陌生人大规模合作的社会。

这种古代思想可以被人解释为人的社会政治和法律意义的等级划分，君子高，小人低。但是，这违背了陌生人合作的理性原则，无法调动每个人的积极性，更重要的是，它也不符合现代社会的人格平等原则和人类共同的文化认同。可以认为，它是古代儒家知识分子欺负老百姓的一种方法，为自己获得统治权而辩护，所谓劳心者治人、劳力者治于人。现代社会的科技和工业，不是单纯的人际关系的劳心即道德规范所能涵盖的。因此，我们并不提倡人在道德和法权上有尊卑贵贱。但人在道德人格、法权地位方面的平等，并不排斥人与人在思维水平、社会价值方面的实际差异。人在服务的社会层次、考虑问题的思维视野上，的确是存在差别的。这是

第四章
— 中国大时代 —

事实的差别,不是道德和法律的差别。我们希望通过自己的努力,把自己的思维模式、共情范围、社会服务范围,不断地往更大的方面扩展,而不是停滞在个人冲动满足、偏好满足这样的狭小范围里,甚至不止于家庭生活的范围里。我们一方面吸收我们的优秀传统文化,继续尊重儒家的价值理想序列,另一方面,也对这些儒家思想做出工业化和现代化的改造,剥离它的道德意义和法权后果,只提倡它的精神价值,用重装过的儒家理想作为自己和中国人在现代工业社会的新驱动系统。适应社会变化的新情况,我把传统的修齐治平改为:修身、齐家、从业、兴城、报国、行天下。

这种新的价值序列让中国人有共同的精神认同和民族理想。在它的指引下,我们就要在每个实际的层次努力工作、成长、实践,每个人都有潜力从小的范围、前进到大的范围。做事需要的不是空谈,不是比较道德优劣、议论境界高低,而是实干,用更好的技术更有效率地解决问题,理论联系实际,实事求是。这就需要我们学习各种科学技术和策略技巧。无论修身、齐家,还是工业化、城市化,在现代社会下,都需要知识、技术、方法。我们这方面的积累普遍不够,还有很大改善空间。更不用说治理国家、在全球维护中华民族利益,并为人类文明做出贡献,这些更需要近代以来落后的中国人奋起直追。

我们的最低层次的理想是修身齐家,过好日子,这是中国老百姓最朴素的愿望,也是青年人首先要做到的,读好书、学本事、养活自己、建立家庭、抚养子女。在此基础上,一步步往前走、往更大的范围走。我们最高层次的理想是全心全意为人民服务。这里的人民不是所有人类个体,而是仅仅认同我们国家和民族利益,以及愿意为此而合作的人。它不是基于西方的那种个体主义,不是要为全人类的个体的普遍权利而奋斗。人类个体今天仍然必须在家族、国家、民族的框架下参与竞争，西方人也不会放弃自己民族的利益，他们做不到为全人类服务。他们的法律平等是对内的，对外依然是丛林斗争和实力主导。他们中的一些人并不乐意看到、也实际在阻止中国人和其他后发国家获得与他们一样的光荣与梦想。他们的个体主义和自由主义对内也许在一定程度上是真实的，但对外只是虚伪的宣传。我们切不可被他们的书面理论所欺骗。

第五章

多层演化论

多层演化的分析思路

多层是指一个复杂的事物,往往有复杂的设计,是多个模块分层组织的结果。分析时,需要层层分解,例如,认知、语言、社会组织等,都要这样分析。每个层次都符合因果关系。实在是多层的,这就是说,每一层都有因果,各个层次组成一个复杂设计的结构。自然是这样,有机体、人类社会、人类文明,都是这样。它们都可用多层演化的思路来分析。

演化的基本途径是先有一个小优势,通过基因或其他拷贝机制积累下来,上了一个小平台,然后再找下一个小优势。多个有机体一级利用一级,形成生态系统。生态系统是可解析的、可计算的,因为它的每个局部都符合演化设计原则,它的各级组合是连续的、不间断的,不会出现突然的爆破,除非环境突变。

演化论最重要的思路是,揭示一个优良的设计如何通过一步步的微小优势的积累而获得。这种时间积累,就是算账,这是新达尔文主义的精髓。一切都是公平的,不可能一蹴而就,也不是永无指望。长期的家族积累带来权力、财富与知识差异,长期的国家积累带来地缘政治与国际地位。1万

第五章
— 多层演化论 —

小时天才理论、深度练习说的都是时间积累。

演化不需要全能全在的神一般的规划，但需要一步步的小设计；也不需要每一步都有意识，但需要这一点好设计能被自然选择看见，能对表型竞争产生好处并被积累。它不是完全随机的，但也不是完全计划的。

形态的演化有些意思，但远远不能穷尽演化论的伟大与壮观。更精彩的其实是心智程序的演化，比如从无意识到有意识，从无语言到有语言。例如，动物的叫声相当于初始语言，将脑内神经回路做的区分转为外部信号。脑外声音或动作又称为输入，强化脑内的神经回路。人类发明工具与语言以后，信号变成稳定的符号和人造物品；直接修补它们，好比对延伸的大脑做外科手术，或打程序补丁。你可以把脑内的黑暗的不可见的思维，变成纸面的东西来修改。这样就一层层把语言实在化。

更奇特的是人造程序的演化：文字、体制、市场和国家。例如，价格体制的演化。价格机制是一个好设计；它不是神或某个领袖一步设计的，也不是凭空产生的，而是各种小设计在历史中在竞争压力下逐渐组合的结果：一些人偶然发现的小设计、政府或学者主动创造的小设计。虽然哈耶克自发演进的扩展秩序否定整体设计和全盘计划，但价格机制并不排斥主动的局部设计。语言也如是。

从零开始设计一个价格体系？很少有人敢打包票。价格通常是被给定的，而不是被设计的，就像语言，你每天用，要问你怎么来的，或者发明一个语言，这极难。怎么办？（1）正向开发，追溯价格机制的演化阶段（evolution）；或（2）逆向工程，反演（devolution），找一个物物交换的社会，如鄂尔多斯经济崩溃后出现以物易物市场，现金稀缺。为什么？大量的资金表达在房产和矿产中，但却没有需求，于是现金短缺，原有的价格机制瓦解。价格机制必须以货币－商品的对应为条件。如果信贷创造的货币远远超过实际（和预期）商品，就要小心。反演的破坏性非常强。

　　价格机制可能反演、倒退，文明也可能倒退。文明本来是一层层设计的结果，从部落、到部落联盟、到城市、到多个城市形成的国家，大规模陌生人社会形成。每跨越一个层次，都要新加上一些技术手段或文化宣传，以维系越来越庞大的社会合作系统。但合作可能失败，文明可能反演、倒退、崩溃。一个社会的政策，短期内反映个人意志，中期内反映异质人群合作困境。繁荣之后有了私产，权贵也许不愿多交赋税。为维护或夺取土地、化石能源和原材料的军事和科技投资，也会因为官僚或议会的分钱内斗而失速。如果资源获得是给定的，内部的分配斗争会带来内耗，消耗国家财力，也削弱社会共识，社会丧失凝聚力，一旦外部攻击出现，可能就会被击溃。没有任何社会可以逃脱周期律，长期内社会结构取决于资源汲取和生产能力边界，除非人性改变或意识形态革命。

　　当然，因果解释与多层分析，都是事后的，解释已有的现象或设计如何产生。与此不同，创造则是在搜索现在还没有的东西。这时因果分析帮助有限，因为东西还没出现，怎么分析？哪些因素可以带来所要的结果，只有靠试错、获得近似值、修改、再试错。解释伟大的产品不容易，创造它呢？有时更不容易。自然演化与社会演化最重要的问题就是解释这些新奇性的出现。新奇性是随机突变得到自然选择的产物，人类有了自我意识和科学思维以后，新奇性也是概率性的突变与人类的局部设计得到社会选择的产物。

第五章
— 多层演化论 —

多层还原与层层编程：以认知和社会认识为例

一个刻度的一毫米和另外一个刻度的一毫米，人类为什么会达成一致意见？人类的认知过程要求大脑可以模糊处理这些情况。Cognitive Science（认知科学）研究的就是有关于你看到的对象在你的大脑中如何反映。

比如说：一朵花。你看到的一朵花在你的大脑里怎么反映呢？头脑的最底层是无数的 neurons（神经元），不可能花在你大脑中反应的是实体花朵的样子，总之它肯定不是以花的形式存在，而是以生化信号或电信号而存在。但也不是这些电信号的特殊组成而构成了这朵花，而是靠这些电信号特别的触发方式。可是这些触发方式能否研究出来呢？回答是不能的。

这是多层还原的一个例子。对于我们眼睛看得到的实在，往往需要多层还原才能有好的理解。只还原到一个最底层，是不够的。到底该还原多少层，这不是可以预先断定的，而是必须通过实证的研究一步步试错的探索得到。有时候能够得到确定的多层图景，有时得不到，也只能接受。

电脑屏幕上的一朵花，在电脑里面，你不能把电脑打开，拆了硬件，看里面有没有一朵花存在。拆开了的电脑里面有的是无数的电子脉冲。可不可以说特定的电子脉冲就是花的样子呢？不可能的。因为花是经过层层编程之后最终才落实到电子脉冲里。这是一个经历了层层编程、机器语言、汇编语言、高级语言、人类其他的努力等设计出来的，你不可以一口气还原到下边去。

再比如，我现在说的话，对于动物来说是噪声，可是对于你们来说就是有意义的东西。这些话在你大脑中激活的不只是声波的传递而已，还激活了其他的东西。大脑接受了声波的模式，而这些以声波为载体的信息在你的头脑中还反复地编程再编程，经过层层编程之后才落实了我说的话到底是什么意思。把这些话丢给猴子听，它们是不知道是什么意思的。

人类的认知，还有我们情绪的感知，在大脑里都是经历了层层编程这样一个过程。不只是神经元的活动，虽然它是以神经元的活动为基础的。就如在我们的电脑里，所有信息都是以 0，1，0，1 为基础的电子脉冲，但绝不仅仅是电子脉冲而已。

再比如，我的身体就是由原子和分子堆砌而成的，但你绝不能怀疑说那我的身体就是简简单单的原子和分子的组合。我是经过层层编程的。我的分子上有大分子，有化学规律，它相对独立于物理规律。制造细胞的蛋白有一些功能作用，是因为基因控制和调控的原因，而这些是经过无数的自然选择和当时的环境塑造的结果。经过了层层编程才得到这样一个我，你只是把我还原成原子和分子是不能理解我的。也就是说，虽然我的身体是以原子分子的运动为基础的，但你分析了我的原子分子之后就说能了解我为什么说这句话，这是不可能的。企图从量子力学的测不准来推断人生的测不准或者历史的测不准，那是搞笑。完全不同尺度的事情，一个层次的规律不能推及到其他的层次去。你不能用电子脉冲的规律来推断电脑里

第五章
— 多层演化论 —

的视频的组织规则。

我们的眼睛看到身体外部的对象,可是这样一个看似简单的在视觉行为中出现的外部对象,是否只是神经活动的本身而已呢？这种还原是远远不够的。充分还原应该还原的所有层次是非常难的。除非经过很好的认知科学和演化论的训练,想理解视觉怎么回事基本上是不可能的（Marr 的 *Vision* 是经典中的经典）。

这就好比,看到一个电脑,怎么理解它如何形成？一个从未学过电脑的人,是不可能逆向工程追溯因果的（reverse engineering）,不可能把电脑的各部分还原,自己从头再组装一个电脑。因为拆开零件之后,从零件开始,每一步向上叠加的部分都是很偶然产生的,其概率是组件存在的概率的乘积,非常之小。所以,把电脑丢给一亿年前原始部落的人,他们是无法逆向工程,自己多层还原出一个电脑生产程序的。这给我们一个提示：在最外层看起来很普通且被我们熟识的东西,其实都是人类的奇迹。

在实在的多层还原中,每个层次都有每个层次的规则。到底中间有多少层次是不知道的,没有一个预先的形而上的判别尺度。

假定人类看到了一个似乎处在高层的现象,想向下追溯各个形成它的层次。原则上、理论上,可以画出中间应该有若干层次。但是,在没有足够的研究之前,中间的层层叠叠是不定的,不能确定地画出。而这些不确定也正是研究最难的环节。每一层的编程都有自己的潜在规则,其中有些规则来自物理学,有些来自化学,有些来自细胞机理,有些来自神经模式,有些来自神经模块的组织,有些来自认知科学,有些来自演化和环境约束,等等。

反过来想,如果我们知道了第一层或者最底层,一层层往上推,可以推出最后的结果吗？也是不可能的。因为每一个底层因素碰撞最后导致最近的上一层的结果，这纯粹是偶然的，但一旦形成，就相对稳定地存在了。这种偶然在科学和哲学上叫 emergence，突然就涌向于现实中。

推广来说，如果人类个体就像这些神经元，可以在社会中自由碰撞自由组合，能不能预测十年后社会的重要组成呢？或者推断一个局部的社会现象，例如 10 年后主要的电子产品呢？不能。因为这些都是事后追认的。谁也不知道社会上互相交流或者互动最后导致的结果是什么。未来是原则上不可预测的。有的人猜的概率会大一些，但还是不能打包票的。这也是为什么应该实行市场经济而非计划经济的原因。计划经济试图确定一个目标，要求所有人配合去完成；但这个目标本身也只是多异质个体互动网络的一个偏好和选择，它是参与者，而不是决定者，它与其他个体偏好和目标的互动，能够产生什么结果，这是计划者自己预计不到的。结果肯定是达不到目标。这样的计划经济还给了某些制定规则的人一些口实，让他们有寻租的机会，但肯定对达到他们所鼓吹的社会整体福利目标无益。

人类社会有没有规律和目标需要我们去追寻？不存在的。有人说是为了让人民生活得更美好，可那是政府官员的目标。他们口头上也是这样说的，也许在过去的 30 年他们也是这样做的，未来 30 年我们希望他们继续这样做。但这是不是我们整个社会的目标？不是的。这个社会有没有目标？没有的。整个人类社会有没有目标？也没有。如果说有一个共享目标的话，那就是让我们都活着。但这并不是一个被某种力量设定的目标，而只是一种筹划或理想。社会上的个体进行多个层次的层层编程的互动，其结果是谁也无法预知的。

但是，是否就停留在这个地方呢？人类社会有没有公平正义呢？人类

第五章
— 多层演化论 —

自己制造一个目标，把可能本来不可预知的、人类社会演化的结果稳定住。因为从文化层面来说，这是目前的人类比较容易接受的。这只是人类自我驯化的结果。

这种自我驯化更适用于个体。在你的人生中，你遇到了很多很多信息，最终变成一个什么样的人，你可不可能自己预知呢？你不可以的。但是你是不是有希望成为一个这样或那样的人？你会定下你的目标。我们社会有这样一个目标，我们社会有这样一个理想。我们有的时候还可能会有各种各样的项目。他们的主要目的就是把你日常生活中遇到的各种问题和各种影响你行为的东西预先锁定。这就是自我驯化的过程。因为你希望自己成为这样或那样的人，于是才给自己定下了目标。这个目标把你接受的全部信息重新做了筛选与锁定，来有意识地制造了一个你生存的环境，让你向某一个具体的方向演化。但其实你未来会成为什么，这不是由你一个人来控制的。

所以中国有这样的古话：谋事在人，成事在天。虽然跟着优秀的人你最终成功的概率会高一些，但失败的概率是依然存在的。可当你跟着平庸的人，失败的可能也许就高达 99%。筹划非常重要，即便结果不能预知。但增大特定结果的概率，是人为了对抗多因素集合作用的结果不确定的风险所必须要做的。

没有任何一个社会是稳定的。社会是没有规律的。你也不要觉得人生有什么意义和真谛。小的时候你会追求人生的意义和真谛，可是当你接触了认知科学，接触了演化论，你会发现你的整个世界改变了。你会明白没有什么是很稳定的。所以说你要追求的目的只是你把自己做一个自我驯化而已。你自己用一个目标来约束你成为什么样的一个人。

打破自我的标签

你有没有感觉到，在谈恋爱的时候，在男孩子追求女孩子的时候，比较懵懂比较无知的你会这样认为：既然选择了这个女孩子就代表放弃了与其他女生在一起的机会，你的人生就被她锁定了（警告：在谈恋爱的时候不要太善于思考，不要过度思考）。爱情就是把不稳定的因素驯化成最终唯一稳定的结果，这就是爱情的特质，所以在爱情中你不能因为它的不稳定而放任自己伤害别人。你这样做虽然是因为爱情反正也并不稳定，但你没有在这个过程中自我驯化。

你要自我驯化，把自己变成一个有身份的人。不是指有社会地位的身份，是指你的 self identity（自我认同）。你的自我认同越是稳定，同时还能带来社会财富的话，就能让别人对你的行为产生稳定的预期，让别人对与你的交流有了稳定预期。这样你才是个靠谱的人。比如我们看到可口可乐想到快乐，看到新东方想到英语，看到我想到的是学术英文。这个模式变得容易识别后，你看到这个人就有了 reliable indicator（可靠的标识）。这在社会中是非常重要的。这个过程也是个博弈过程，需要你反复地自我训练。你不要说我既搞这个又搞那个，你既爱这个又爱那个，既学这个又学那个，你做不到的。最终的结果只能是自己也难以捉摸自己，到底是个什么样的人。当你的行为失去了规律，别人无法预知你，就会觉得和你交往很不可靠。你需要一个让别人认同自己的自我塑造过程，这个非常重要。

社会没有规律，人类存在没有终极意义，除了生活和生育后代之外，生活是无意义的，所有其他的意义都需要你自己去塑造。塑造不了，你责怪社会，责怪同学、父母、家庭，甚至跳楼，都是很猥琐的行为，是你承担不起塑造自己的强大责任，无法驯化自己的结果。

这个有一些哲学意味，但其实不是，而是在讲自然社会和人类社会一

第五章
— 多层演化论 —

个层层编程的过程。

（1）把任何事物从最高层还原到最底层都是很难做到的、非常困难的。

（2）把底层的事物清楚地认知和还原到位也是很难做到的、非常困难的。

有的人认为自己一定会失败，你都没有做过怎么知道？还有人说自己一定会成功，你都没有做到怎么知道？特别自信，或特别不自信而愿意为自己找借口，都是不对的，都是武断的表现。要记住：尝试很重要。考GRE，你怎么知道不能考165分（总分170）？你都没试过每天学10个小时。应该努力尝试。即使一切没有定数，考165分的动力也是强大而美好的。最终也会激励你向着目标走得更近一点。你有动力，又有好环境，周围同学又帮助你，所有这一切最终突现，产生的结果是不可估量、无法预计的。

男孩子和女孩子在一起，你怎么就知道不能长长久久一辈子呢？你怎么就知道你给不了她幸福呢？谁知道啊！！那个女孩子她也不知道。鉴于我对女生不太了解，以下内容纯属猜测：（1）她不讨厌你；（2）你坚定地告诉她你行。这个信念就约束了她的誓言，使你们长长久久下去。这个信念不是天注定的，而是自我驯化的结果。在这个充满不确定的世界上竟然涌现出了永恒的爱情之花，这有多可怕！这有多神奇！

用这种多层还原、层层编程的观点可以帮助我们理解生活。当然，我们也可以用它来分析学术英文阅读。任意一篇学术文章，被多层还原为三个可操作的层次：观点间的关系层次、观点内的论据展开的关系层次、论据内的句子构成的层次。所以，学术英文阅读的最后不是别的，而是一整套完整的、科学的方法论。

科学与人类的演化认知模式

（2011年6月30日）

科学的目的是以尽可能少的理论，解释尽可能多的现象。所以，科学的思路总是从一般的理论开始，到特殊的现象结束。

很多学问都宣称自己的理论可以对现象世界给出一个自圆其说的逻辑说明，比如神学的一个基本倾向就是，神的存在和作为可以解释我们信徒遇到的一切事；又比如，左派或者右派都认为，只要实现了他们的理论，就可以解决社会中的一切矛盾和问题。

与这些学问不同的是，科学极其清楚地说明了怎样从一般到特殊，而不是先假定一般存在，特殊都从属于它，然后就什么也不说了。科学用量来定义自己的理论的一般概念，而具体的现象只是一个连续的量的序列上的一个值或一个点。例如，万有引力是一个一般性的理论，将天体的运动与地球上的普通物体的运动以数量计算的公式，整合在一个框架中，给曾经认为神居住在天体里的西方人造成巨大的理智震撼。从科学方法上看，万有引力是所有物体之间都会有的，这是一个公理，它虽然可以被还原为

第五章
— 多层演化论 —

更基本的公理，但它本身在古典物理学的范围内不可动摇。从人的知觉来看，我们看到的永远是一个个具体的物体之间的万有引力，我们从来看不到所有物体之间都存在万有引力。我们看到的是这个、那个物体，从我们的有限经验，是归纳不出万有引力的。在这里，从经验出发的归纳永远是不完全归纳。换言之，从特殊的现象，是归纳不出一般的理论。但是，从一般的理论，却可以以量的方式，指定万有引力公式里的变量一个值，从而与人类知觉里的对象相符合，而这些对象之间的关系，在普通条件下也正好符合理论所给出的预测值。这是科学的过程。

科学的这些内容有什么用？它可以帮助我们人类认识和超出自己的天然的认知状态。有了牛顿力学，我们可以做出从来没有的设想，放一颗卫星到天上。没有牛顿力学，我们只能望着天，或者期待一下流星雨。

人类认知所能追踪的现象是相当有限的。我们的认知主要是演化的结果，几万年前就演化出来，适应当时的环境。一些环境是自然环境，例如，我们可以识别对我们的生存至关重要的植物和动物，但不是所有植物和动物。很多山野的不同种类的花，我们一律名之野花，很多树林里不同种类的树，我们一律名之那些树，只要这些花、这些树，对我们的生存不重要。还有那墙角里叫不出来名字的小虫子，还有附近飞来飞去的小鸟。我们的大脑并没有被自然选择设计成为植物学家或动物学家，我们的物种分类器也不是按照现代生物学的分类学来运作，而是按照生存相关度。如果一个动物或植物，我们只要知道它是会动的、会开花的就够了，那么我们是不会有特别的需求去给它命名，然后用大脑去记忆它。但是，当我们有了以演化论为原则的分类系统，我们就能更清晰地识别物种，将一些我们的祖先并不熟悉的物种也拿来为我们服务、改善我们的环境。更不用说，现代的基因工程技术能够培育出杂交稻、杂交玉米等。这都是原始人类想不到也做不到的。但是有了科学，我们也许就能做到。

但是，更重要的，我们的大脑要适应的环境主要还是人类的群居的社会性环境。人类的大脑是社会性大脑，它的主要功能是识别对方的情绪和表情，知道对方是诚实还是欺骗、是愤怒还是佯怒、是微笑还是伪装等、决定与之合作还是实施惩罚。这样的基本功能在古代社会还是很适用的。远古的社会只有150人左右的部落，典型的熟人社会，大家的想法都一致，或者在认知和行为模式上都是同质个体，即便有差异，也很容易猜出差异何在。但是，这种所谓的部落社会其实不是今天的我们所面对的环境了，现在，我们是生活在陌生异质个体大规模聚居的社会，理论上来说我们应该有更好的天生大脑才能适应。而不幸的是，我们的大脑也许在演化上锁定了，或者演化的速度实在太慢了：几万年以来人类的文化和社会变化如此巨大，但我们却带着一颗相对不变的古代大脑生活在钢筋水泥的现在。虽然人类创造了很多文化，作为认知软件，这些文化可以帮助我们本来不太适应的大脑，勉强对付当代的超复杂的人类社会，但是，很多时候我们的大脑还是不太情愿接受现代社会下的文化约束，只要可能，我们都会尽情放纵自己的天生情绪，遵照自己的天性行事。可是，现代社会如此复杂，如果没有科学来帮助我们去扩展我们的认知范围，我们怎么能指望靠天生的演化的社会智能和决策系统，就能搞定一切呢？

望天并不能让人造卫星飞上天，只有科学才能帮助我们筹划新的飞行器。同样，每天发些宏愿或者整天找人倾诉，这是典型的古代大脑的行为，虽然有其必要而且也可以理解，但却并不能让自己的大脑在现代社会的环境下更强大一点。这是说，自我情绪激励或者抱怨和愤怒，都是不能解决

第五章
— 多层演化论 —

问题的，因为它们根本都是古代大脑在当代社会的非适应情绪反应。也许只有科学才能让我们给自己的破旧的演化认知设备加上新的导航系统，让我们在新的社会环境下顺利远行。

所以，请接受这个结论：人类的天然大脑追踪的模式是相当有限的。在大脑的天生模式有限的几乎所有方面，科学，尤其是关于人的天性的以演化论为基础的科学，都可以帮到我们，让我们超出自己的特殊的演化装置，重装上阵。举几个方面的例子来说明。

（1）经济交换系统的爆炸式发展是人类在市场交换的场所逐步驯化动物和植物之后才发生的，在人类关于社会地位的心智模式已经演化出来以后。于是，我们的大脑不会追踪现代社会的复杂的经济交换的网络效应下的结果，而是只会按照身边的熟人的行为来调整自己的行为。向着权威、熟人，尤其是同辈来调整自己的行为，这是古代社会的个体的典型决策模式。可以预料，在工商业社会，会有很多的人不理解社会在发生什么，而只会按照身边的人行动。这一点在美国与中国，也许都是如此。

例如，当身边的人都在买房的时候，买房的人会越来越多，这是典型的一种自我增强的趋势。你我加入买房的队伍，又会让更多我们的身边的人也来买房，形成一个正反馈，直到最后这个自我加强的关联系统因为某个看似偶然的因素突然崩溃为止。在这时，很少有人会用租售比来计算房价上升的概率（http://baike.baidu.com/view/1302907.htm#sub1302907）。旅鼠效应据说是用来描述动物的愚蠢的。但是，自然人在面对经过若干世代快速演化出来的现代社会时，也经常是愚蠢的；他们会经常跟随身边的人，采取相似的行动，很少考虑结果如何。虽然其代价不至于是生死存亡，但如果不懂得现代社会的特点和规则，很容易在社会地位的竞争中成为最容易成为的人（哦，人活着开心就好，何必那么累。哦，随遇而安，一切都是命。哦，每个人都有选择自己的生活方式的权利……他们有好多说辞来安慰自己。社会性情绪充沛是原始心智的典型特点）。

（2）现代社会的组织方式，当然也是人类的天生心智很难追踪的，于是一个成功的组织体系，一定要有额外的文化宣传来协调天然人的行动。在中国的农业时代，我们的祖先发明了一种家国体系的类比，诉诸人的天然的家庭意识，得到巨大的认同，在治理上取得巨大的成功。家国体系的文化到今天还在到处宣扬。同时，也容易想到，一旦这个家国体系被一些明白其中奥秘的内部人利用，社会就会崩溃。在中国的王朝兴衰历史中，通常会有一些人把国当成自己的家，而不是天下人的家。怎样将这种文化修饰成为现代中国人可信可用的共享文化，是需要多个学科一起来研究的问题；而最终能否实现，还需要一点运气。

在选举社会，也会有一些由于人的天生情绪所带来的困难。让一个从来没有学过基本经济分析或者创办企业的人，怎么理解财富和企业？太多人支持最低工资、福利制度，虽然对他们没有任何好处，但是他们，基于天然的从几十万年前带来的公平心理配置，支持，坚决支持，还说，不支持就没人性。他们的这种道德判断，当然也是基于远古时代的群体识别的心理配置的。他们的这些自己觉得很特别、很高尚的行为模式，其实都是完全可以从演化心理学和演化人类学的角度预测的。但是，不能彻底改变人的天然心理，只能修饰它，只能接纳它。所以，为了照顾多数人的情绪，有时非得做一些政治设计，满足多数人的天然心理期待。指望通过经济学推广，就改变民众的财富观和公平观，显然是用一把锤子来对付整个世界。

（3）人类天生的认知局限在捕猎或采集食物，我们的大脑善于追踪自

第五章
— 多层演化论 —

然环境里的生物的行为模式或生命周期,这种周期至多以 1 年为单位,很少超出。这也正好说明了人类的天然认知是只能筹划 1~3 个月的事,很难筹划 3~5 年,更不用说 13 年的事。长期奋斗绝对不是人的天性。当现代的人类想到别人的成功时,很多人的理解都是他一定有什么秘诀。成功没有秘诀?那是他不告诉你。按照陈虎平的狂野猜测,人天生喜欢短线因果规划。我们多数人都不会理解需要多个因素同时配合才能造就的状态,而成功刚好是这样一种状态。很少有人有成熟的多因素层层演化的理论框架,来分析为什么人会有成功,而我却没有。多数人总是希望毕其功于一役,他们对成功的秘诀有幻觉。在这个问题上,什么科学能够帮到我呢?概率,概率,概率(如果你愿意了解关于成功的概率,请看塔勒布的《黑天鹅》,或者《随机漫步的傻瓜》)。

同样,也很少有人能够设想时间的复利效果。我们容易想象 1 年;3 年对于从小接受现代教育的人来说还基本可以尝试;但要想象 10 年、20 年,基本上就是猜了。不信?我们来做个实验,不要计算,请你直觉上去猜一下。

1.2 的 10 次方是 6.19,1.2 的 15 次方是 15.4。问,1.2 的 30 次方大概是多少?

A: 30~50   B: 80~100   C: 120~150   D: 160~180   E: 230~260

选完了,很好。现在,请用电脑里的计算器算一下,或者仔细看一下上面的内容,用你中学学过的基本指数运算规则算一下。

想想看,如果你投资 10 万,每年收益也再进行投资,如果投资回报居然有 20%,30 年的结果是怎样? 2370 万。如果连续 5 年都投资 10 万,其后也不追加,30 年后的结果是多少? 8519 万。如果是 20 万呢? 1.7 亿。因为不理解时间的复利效果,所以,多数人都不知道自己有机会变成亿万富翁，不习惯于等待 10 年，更不用说 20~30 年的时间；但财富是长期的时间积累才能创造的，除此以外别无他途，除非你的家族或遇到的贵人已经帮你积累很多（请参考"时间积累"一文）。多数人的想法是，人无横财不富，马无夜草不肥，最好是忽然中了彩票。但是，你知道中彩票的人的结局吗？忽然来的财富，往往摧毁人，这是行为经济学研究的基本结论。收入忽然增多的人，也许会比从前更贫困。想瞬间成为亿万富翁的朋友，你要小心自己被钱毁灭。

有多少人理解怎样才能创造财富？多数人都是不理解的。多数人都是依靠自己的天生认知模式作为导航，但是这个导航器在现代社会已经是老古董。改换的学习成本十分高昂，多数人还是遵从自己的天性去了：认为别人的财富是偶然，自己的财富纯属实力（更多关于人类在经济决策上的天性，可见 Kahneman and Tversky 的文章 Prospect Theory，特别是 p.278 页的图；www.hss.caltech.edu/~camerer/Ec101/ProspectTheory.pdf 更详细内容见他们编的多本著作）。

创业也是可以制造或毁灭财富的。创业成功需要多长时间？最短最短的 Facebook 也用了 4~5 年，每天 10 个小时，加起来肯定超过 10000 小时。多数人从来没有经历过用 10000 个小时一心一意做一件事。10000 个小时，3 年多啊，远远超过了人类演化心智的时间视野。重复一遍，长期奋斗绝对不是人的天性。所以，为了能够长期奋斗，你需要用很多方法来约束和管理自己的天性，不要让它爆发，不要随性而为。有什么办法呢？说过了，情绪励志或者抱怨羡慕，不是解决方案。看看《异类》里关于成功的科学实证分析吧！看了之后就使劲那样去做，是否真的做成也要运气的。

（4）人类个体的天然认知能够追踪善有善报、恶有恶报的线性因果关

第五章
— 多层演化论 —

系,但对于多个因素的非线性效果,就难以把握了。多因素或多个作用者互动形成的高度互联的社会网络,是人类社会的常态。但是,我们一般却不理解。除非努力学习经济分析和演化理论,人很难明白到底社会是怎样的。多数人对社会现象的看法都是祖先意见的当代喷发。在这方面的科学研究当然还处在初级阶段(参考,《预知社会》/Philip Ball, *Critical Mass*),但是,没有科学做试错的指引,纯从自己的天然想法出发来看社会,错一万次不算多。

最后,我希望你也能像我一样认同,科学真的可以帮到我们,从自己特殊的演化心智状态出发,获取在现代陌生人大规模分工合作社会生存所需的升级版心理软件。

多个学科的基本模式

本文介绍各个学科对我们生活和工作有用的基本常识。它们描述了多层实在的模式（patterns），有些相当有用。我的知识有限，精确度有限，但好在无需成为专家，就可以使用基本模式。

概率： 正态分布。很多人的身高，数据处理后画图，为钟形曲线，1.5~1.8m 占比最多，居中为常值。1.4m 或 2.0m 占比小，位于两端为异常值 outliers。对大数成立。特聪明或愚笨的人都少见，多数人不太傻也不太聪明。你一辈子每天的运气也是大数，极好极差都少；多数日子不怎么好，也不怎么坏。

幂律（Power Law），有些情况下可称为马太效应（Matthew Effect）。

正态分布需要各元素独立，你的身高不是我的身高，而幂律则适用于元素之间有交互作用或积累的情况。穷的越穷，富的越富。有知识的，家族人才越来越多，没知识的，子子孙孙做劳力。有女朋友的，喜欢他的女生越来越多。幂律比正态分布残酷。

正态分布好比打麻将，每次重新洗牌，但幂律不是。财富可以遗产继承，知识可以家族熏陶，连身材和笑容都可以在行为上传递，虽然强度不

第五章
— 多层演化论 —

高。一旦有互动和积累，一切都不一样了。文明靠积累变强；积累不够的，如印第安人、古埃及人，都那样了。其实，你我八百年前的祖先都是帝王将相。

正态分布针对真实的或貌似的随机事件，幂律则针对彼此互动或存在积累的事件。前者对非生物现象更适用，后者则针对生物现象。基因复制机制保存和积累好设计，下一代在此基础上开始。设计和积累是观察生命和社会现象的主要视角。分子在海洋随机游荡亿万年，与特定分子自我复制极为不同，因为后者有设计和积累。

二八定律（Pareto Distribution）：帕累托发现的一种幂律。20% 行为者占据 80% 活动量。财富也是如此。20% 中国城市占有 80% 经济活动和 GDP？很接近。留在 1~1.5 线城市！财富均匀分布是幻想。帕累托原则比这更残酷：20% 的 20%，拥有 80% 的 80% 的活动。甚至 $20\%^3 : 80\%^3$，约 1% 的人拥有 50% 的财富。

1% 规则：互联网 1% 生产内容，9% 编辑，90% 潜水；又称 1：9：90。互动极强，转发带来转发，自我催化，且几秒完成。只有注意持久力是其极限。技术发明带来的复制和互动越快，幂律越极端。农业社会财富分布 20：80，工业社会 1：50，互联网时代 1：90。基因复制比起财富和信息复制，小巫见大巫。

演化心理学（Evolutionary Psychology）。

栖息地假说：人类是在特定的非洲稀树草原环境中演化的，针对它演化出特定的行为、情绪、审美、认知模式。例如我们天生喜欢草地、树木、溪流、山岗；企鹅对树应该没兴趣。房地产商利用了这种心理：挖条沟，就是水岸大宅；栽棵树，就是城市花园。

多模块认知：大脑不是一个通用设备，而是分多个模块，犹如瑞士军刀，特定模块处理特定问题。各模块在大脑内部没有沟通；同时，不在大脑天生接收区间的信息来到你眼前，你也不会注意。我们并不是考虑所有信息然后做出决策，而是用几把军刀，看到能处理的就处理，其他的一概不理。

郎才女貌心理：俗称男人好色女人爱才/财。男女结合生物学目的在子女。古代财富少，女人爱才，才者，有用也，能猎获动物蛋白。农业化后财重要。男人望顺利生产且不缺乳汁，喜欢那些。越年轻生育时间越长，古代没身份证，以大眼睛粉嘟嘟的脸做代理。现代女性用上了精华和美瞳！

原始公平心理：原始部落亲人熟人一起捕猎或采集食物，所得平均分配，造成原始公平道德观；在文明倒退时它就会咆哮。美国人认为20%应当（should，道德判断）得到30%。但社会教育了他们，认为（think）20%得到50%；忍！但其实（actually，客观事实）20%得到80%多。人类没有幂律分布的认知模块。

意向行为者模式：某事如此因为有行为者在控制，总要把话说圆。她对你好因为自己好，她离开你一定有人对她使坏。有钱感谢自己，没钱因为政府和资本家剥削。有人操纵货币战争这才导致经济危机；资本家贪心所以经济繁荣。贫富差距大，因为官商勾结。如何检验？看原因变化、结果是否跟随变化。

集体主义与个人主义的循环。经济不好，总要找一个原因，是外敌、内奸这种意向性行为者，而不会认为是周期和运气。这时舆论和宣传诉诸敌国破坏或劫富济贫，总是能够团结民众，集体精神上升。政府慢慢创造有效需求熬过低谷。经济繁荣时个人主义上升，更相信奋斗致富的故事。

第五章
— 多层演化论 —

热力学第二定律：热从高温传到低温物，而不是相反；若从低温传到高温物则需做功。熵增原理：不与外界交换物质能量或信息的孤立系统，总是趋于混乱（混乱 = 熵）。热运动是大量分子无规则运动，做功却是有规则运动。无规则运动变成有规则运动的概率小。应用：无知识比有知识的概率大。

知识 = 负熵。知识是信息的组织或秩序；不与别人交换信息，个人知识总会趋于恒定或衰败。不讨论、不与年轻人交流，想凭独自思考而有更多知识，这类似于低温体不靠做功变成高温体。对，想做知识永动机！但不学则熵。无知是混乱的、零碎的信息。知识是经逻辑和因果处理的有序信息。

均值回归（regression to the mean）：对多因素影响的技能，表现总是趋于平均水准。多因素同时升高极为罕见，多数时候平平甚至极低。卓越技能是罕见的，即使存在也只一段时间；持续维持高水平的，付出极大成本。三天不练手生。减肥反弹类同。为保持逻辑能力，我经常写短篇日志或分析。

给孤立系统加热，热量会保持不变，但孤立系统是作为对照组的理想状态，现实中不存在。加热后多数系统会散热。考虑恒温器。恒温器只在通电即有外来能源条件下才增减温度，并非孤立系统，其自动性来自电路设计。恒温动物要不断摄入食物才能保持，其自动性来自自然选择的设计。

边际效用递减：资源 x 投入某系统 s，带来效用或收益 y，x 投入增加，收益 y 随之增加，但增速降低，边际递减。吃一块西瓜，解渴，第二块，好吃，第三，可吃，第四，吃不下。为什么？人不是吃得越多越高兴、穿得越多越热就越舒服？生产线不是投入品越多越好？经济体投资不是越投越赚钱？

机械系统：由多个零件组成，每个零件承担特定工作，一起配合完成特定功能。一般的，系统是一个可解析的整体，在特定范围的输入下给出特定范围的输出，即功能、效用或产出。例如，恒温器、汽轮机、导弹、生理器官、神经回路、情绪、技能，乃至生产线。都服从边际效用递减、增熵原理。

万事总会出错。在多部件系统中，假定 n 个部件是独立变量，各自正常运作概率 $m\%$，则系统正常概率为 $m\%\hat{\ }n$。一般的，系统因素越多，成功概率越低。设篮球需弹跳移动控球协作 4 项子技能，掌握任意一项概率 70%，则打好篮球概率 $70\%\hat{\ }4=24\%$。剩下的是出错。你现在知道大飞机为什么难制造了吧！

假定身高有基因和环境两因素，则身高是在二维空间爬坡：(x, y)，给两个变量赋概率值，乘积为身高分数。多数人是（50%~70%）×（50%~70%）=25%~49%，在坡中、不在坡顶或坡底（或落在正态分布中间）。n 个因素的系统，好比在 n 维空间爬行，落在高点概率极小。阅读如是，权力、知识、美貌亦如是。

1 万小时。卓越技能需要多个条件或要素，单个要素获得、各要素磨合都要时间。伟大的文学音乐摇滚技术科研，都要 1 万小时、约 7~10 年。工厂从开始到稳定要 3 年。学术阅读技能要 300 小时。多要素则成功概率低、多数人落在正态分布。不练习，回归均值；只在单个要素上投入，边际收益递减。

生命也是一种多因素系统。那生命与机械系统有差别吗？如有，是什么？人的生命的局部是一个个器官，都服从机械原理，但为何它们的组合体似乎如此特别？你可以用多因素概率法分析生命任何局部（机械论），但好像总是漏掉了什么，以前有人把它称为目的、活力（目的论）。

第五章
— 多层演化论 —

理由的诞生。很多亿年前大分子在海洋游荡,按化学原则结合小分子,直到有一天它所结合的一堆分子,居然是与自己相同或互补的结构:它复制了自己。它没有意识,但在特定环境下这种能复制的结构稳定而高频地存在,好与坏的价值或理由出现,自我与环境分离。这种自我复制的系统是生命。自复制的大分子是最早的复制子。它有初级利益和自我,环境不再是无差异的,而是按其视角分为有利、有害、中性。恰好能趋利避害的复制子的频率升高,其相对于暂时稳定的有利环境的优势也在复制中积累。它逐渐能识别环境、追踪周期、发出警报、扫视环境、变成信息吞噬者,有了好奇心。

复制子每一部分都服从生物化学原理,可用机械原则说明,但有个部分不行:有差异的复制,它服从**自然选择的独立原则**。复制如百分百一样,那没有新奇性;有差异,其中相对特定环境有利的差异或优势就被保留和积累。假定新版本总比上一版有1%优势,则100代后总优势$(1+1\%)^{100}=2.7$。

演化论虽然也涉及优胜劣汰,但更根本的是**微小优势的连续积累**。生命,从生化或机械角度看不过是一堆部件的组合,但部件如此之多的组合居然反复、稳定出现,远超随机组合的概率,这要归功于它以基因为基础的连续积累。找到一个又一个有利环境、实现连续积累,也许是成功的秘诀。

生命以基因为基础的积累机制是伟大的自然奇迹。基因是在特定局部环境信息输入的触发下、指导蛋白合成和功能运作的指令。可简化为:input – [gene] – output。这与控制系统的公式相似:input – [control system] – output。基因属于自然的控制系统,与人工控制系统在原理上没差别。

从基因到性状的方向性。基因通过一系列中间产物影响形态或个体表型,还能影响生物的行为。但行为和表型的后天变化并不能直接写入基因,即拉马克后天获得性遗传不成立。好的性状或行为，只是基因有益突变的结果，这种突变只有被自然选择看见，例如它可生育更多后代，才能被保留。

鲍德温效应（Baldwin Effect）。由突变取得有利变异较慢。个体表型的某个好设计，在一代之内就会被有模仿或学习功能的个体看见。一些因基因突变，其他则是模仿，而具有该优势。但这会显著增加选择压力，若干代后只有天生有此设计的个体才能活下来。优势，不问天生、后学，有就最重要。

信号控制：生物以特定生化信号控制对方做出不利自己的行为。布谷把蛋产在其他鸟的窝里，其幼鸟用可怕的眼神诱惑养亲不放弃它，即使长到比养鸟还大——养鸟没来得及演化出识破欺骗的技能。同理，人类也以声音、表情、语言等来控制对方。如果你被欺骗，那责怪自己的认知装备不够好吧！

信号传送（signalling）：向对方个体传递真实的品质信号。鸟发出响亮的警报叫声，告诉跟踪的捕猎者你被发现了。两狗相遇，不直接打架，而以低吼表示谁厉害。西瓜切开一半，饭店装潢精美，都在提示品质。慈善捐助，通常会告诉他人，把自己容易合作的信号广而告之，以吸引同类进行合作。

高成本信号。高品质往往意味着高成本，代价高昂才显得品质真实，甚至对发送者构成障碍（handicap）。如雄孔雀尾巴、雄鹿鹿角、雄鸟富于结构的明亮歌声。原始部落将食物在盛宴中挥霍，现代人买豪宅和跑车，花得起，有时称为炫耀消费（conspicuous consumption），不求最好，但求最贵。

第五章
— 多层演化论 —

极限运动，即便有生命危险，玩得起，显示体质超群，"7+2"既是目标，也是炫耀。研究高深学问，显示智力水平高，即使影响生活，还能走钢丝更上一层楼。想表演智力，试试微分流形、电动量子力学、纯粹理性批判！玩傻、玩疯的，不少。不要以为炫耀就很假，有本事你上。

认同的高成本。青春期团体设置高成本门槛，以剔除搭便车。有的要求文身、在嘴唇等处扎入密集金属；有的摇蛇；有的受尽入会流程折磨。一些宗教团体有代价高昂的仪式。普通人无法负担此类成本。过去女人看男人是否心思定了，也常出点难题。成本带来承诺。付出的越多，越不容易回头。

双曲折现是普遍人性。在资源贫乏朝不保夕时代这是适应。但今天只知及时行乐，反复如此就会单调平凡（boringly platitudinous）。人被意义折磨，意义是自己编织的叙事，自己对部落有用，所以意义感也是普遍人性。要自设非行乐的大目标，对他人有用。不马上享受，推迟满足，需要行为自律。

非线性。中国城市化传统悠久，据说宋代城市人口已达20%。古代诗人歌颂乡村，那是因为在城里做官做久了，要农家乐来调剂。工业化后城市人口更密集。东南沿海农村早已变成城市。中西部农村除了老幼，几乎无人。人口高度密集的结果是非线性，小的扰动带来大的结果，或大的推动可能纹丝不动。人类科学还无法弄懂非线性，但它在中国社会广泛存在。政策平滑经济波动？力度多大？没有模型，只能摸索。打摆子、剧烈振荡，是密集人口经济发展的常态。一会儿通胀，马上就转通缩，或反之。股市、人口也是如此。暴增、平静、暴减。平时看不到效果，等看到效果时都是放大版的。总是那么极端。

第六章
科学自我观

自闭光谱与天才

  自闭症是人们认为极不善于人际交往，但有些方面却特别聪明的人具有的一种精神疾病。很多父母和研究者想完全治疗自闭症，因为这些孩子和成人无法融入社会生活。但是，广义自闭症或者自闭光谱是一种与天才高度遗传相关的非典型神经状态，根除它就是根除天才。基本上，按照这种相关性，我们可以推测：非常优秀的人物，无论企业家、投资家、体育演艺人才、科学家、文学家、数学家、政治家、思想家，等等，他们的私人社会交往，尤其夫妻关系、亲子关系往往不甚理想——他们的高度的情商是另一种抽象的、非人身层面的思考的产物，而不是一种自动配置的情绪投入，因此只是在面对大众即工作团队或者群众而不是小范围的亲人熟人时才会有效运作；而在他们真正运用这种高度抽象的非人身的关系来获得社会承认但不只是亲人和熟人认可之前，他们通常都被认为是失败者、怪人和不可理喻的人。

第六章
— 科学自我观 —

伟大的例证

科学家:

爱因斯坦(Albert Einstein),他的两任妻子对他都极度不满,他的儿子甚至不认爱因斯坦是他的父亲。

数学家:

约翰·纳什(John Nash),《美丽心灵》的主人公,博弈论的主要创立者,对待妻子和孩子冷漠,但在离婚和精神分裂以后获得前妻谅解。

哥德尔(Gödel),不完全性定理发明者,伟大的数学天才,晚年精神高度不稳定。

文学家:

罗琳(Rowling),风靡全球的儿童小说《哈利·波特》(Harry Potter)的作者,离婚,在写该部小说之前,一直被认为是人生失败的教科书人物。

托尔斯泰(Leo Tolstoy),《安娜·卡列尼娜》、《复活》等多部伟大小说的作者,与自己的社交倾向正常的妻子在晚年不断冲突,最终80多岁高龄仍离家出走,冻死在车站。有人解释说,他是为了维护自己的日记的隐私权。文人总是喜欢用怪癖来解释天才;他们不知道,天才的"怪癖"是天才不容易与其他人共情 sympathy 的结果,而不是原因。共情是一种十分重要的社会交往能力,以认定对方也有一颗跟自己一样的心智,能够设身处地知道对方也有自己的想法、念头、欲求等作为基础,这是心灵哲学和神经科学所研究的心智阅读论(theory of mind-reading),或者说,理论的理论(theory of theory)。与一般人能够读取别人心智的程度不同,自闭光谱症者只有在极少数时候才愿意了解对方的想法,这不是因为主观意愿不足,而是因为注意力的天生集中于一处而忽视其他的倾向。

政治家:

丘吉尔(Winston Churchill)这位带领英国不屈抗击德国法西斯的伟大政治家,性格孤僻,但幸运的是,丘吉尔有一个稳定的妻子!这真是太少见了!丘吉尔是轻度自闭症患者!只有自闭症患者才能超越一般人典型的害怕与恐惧,才能在浓浓炮火前无所畏惧,发出如此激动的演说:

"We shall go on to the end, we shall fight in France,

we shall fight on the seas and oceans,

we shall fight with growing confidence and growing strength in the air, we shall defend our Island, whatever the cost may be,

we shall fight on the beaches,

we shall fight on the landing grounds,

we shall fight in the fields and in the streets,

we shall fight in the hills;

we shall never surrender, and even if, which I do not for a moment believe, this Island or a large part of it were subjugated and starving, then our Empire beyond the seas, armed and guarded by the British Fleet, would carry on the

第六章
— 科学自我观 —

struggle, until, in God's good time, the New World, with all its power and might, steps forth to the rescue and the liberation of the old."

"我们将坚持直到流尽最后一滴血,我们将在法国重燃战火。

我们将在波涛汹涌的海面上战斗,

随着信心和力量的增长,我们将在空中战斗,无论付出什么样的代价,我们都要坚决保护我们的国家。

我们将在海滩上战斗,

我们将在陆地上战斗,

我们将在乡村的田野和城市的街道间战斗,

我们将在崇山峻岭中战斗;

我们,永不投降!即使我们这个岛屿或这个岛屿的大部分被征服并陷于饥饿之中——我从来不相信会发生这种情况——我们在海外的帝国臣民,在英国舰队的武装和保护下也会继续战斗,直到新世界在上帝认为适当的时候,拿出它所有一切的力量来拯救和解放这个旧世界。"

(http://www.presentationhelper.co.uk/winston_churchill_speech_fight_them_on_beaches.htm)

在第二次世界大战结束后拒绝丘吉尔的英国人对这位孤僻的天才仍然在他死后给了最大的荣誉:

"英国政府为丘吉尔举行了国葬。他的灵柩在西敏寺停放,供民众吊唁,议会也休会3天;灵柩由议会议长和3名政党领袖,以及国防和海陆空参谋长守护,大约有32万民众前来向丘吉尔致敬,包括几十位各国的国家元首和领导人。根据丘吉尔的遗愿,仪式结束后灵柩用游艇运到滑铁卢火车站,在那里鸣礼炮19响,然后用火车把灵柩运到他的出生地布伦海姆宫附近的一个教堂中，与他的父母亲葬在一起。

直到今天丘吉尔还被英国人看作是最伟大的首相之一，在 2002 年由 BBC 主办的'最伟大的 100 名英国人'票选活动中，丘吉尔高居榜首。"

毛泽东在屡遭当时的共产党主流蔑视以后，依然坚持自己的孤僻而固执的主张，这一主张立足于中国社会的抽象的历史和现实，而不是个人情感，在坚守西北多年以后，最终取得政权。毛泽东性如烈火，体现出自闭光谱症者的典型的自我推动和忘记社会典型情感的行为。

体育人才：

乔丹（Michael Jordan）。乔丹的女人最常说的话就是，他太关注打球了，以至于忘记了自己的女人。不善于或者说不关心私人的情感交往、只沉浸在自己的王国和抽象的技术世界，是自闭光谱的典型倾向。

"乔丹藏娇竟按揭 30 年，是篮球之神更是花心萝卜。"

"迈克尔·乔丹曾经是完美的代言词，一切品行无可指摘。然而当胡安妮塔痛斥着迈克尔·乔丹的花心、铁了心要求离婚的时候，飞人殿下便走下了神坛，而完美男人的面具一经摘下，曾经被精心隐藏的种种秘密就暴露于光天化日之下——所谓的篮球之神，只是一个寻常男人。"

"唐娜·布朗为乔丹自杀。乔丹在北卡罗来纳大学的时候，曾爱上了一名拉拉队队员唐娜·布朗。他们在一起的 6 个月后的某一天，唐娜突然自杀，而在她给乔丹的一封信中写到：'你太爱打球了，根本就不能注意别的什么；而我太爱你了，无法容忍你爱别的任何东西。'"为此乔丹悲痛欲绝。

投资家：

巴菲特（Warren Buffett）。巴菲特的女人受不了他每天十几个小时读年报，最后离家出走，搬到加利福尼亚州，与另一个男人同居；但他的这

第六章
― 科学自我观 ―

个女人非常理解他,给他介绍了自己的一个闺中密友,与自己的法律上的丈夫共同生活。巴菲特和他的第一任妻子苏珊从未离婚,直到后者去世两年以后才与同居多年的女人结婚。巴菲特不受大众投资情绪的牵动,在别人贪婪时恐惧,在别人恐惧时贪婪,是典型的非典型神经症状。没有这种天生倾向的人,就不要以投资为事业寄托了——当然,多数投资者本身就是以身边的人的认同为自己的人生寄托,从来不会以抽象的事业作为支柱,而这却是自闭症的典型"选择"。被迫的还是主动的?人不能与基因为敌,只能驯化基因,让它们为自己在如今的工业化社会中生存服务。伟大的投资家一般对身边的人吝啬,对社会公众事业却慷慨,这高度符合他们的性格与基因倾向:他们不善个人事务,对抽象的非人身的大众却能有抽象的把握。

"我们原来所不知道的巴菲特。"——《滚雪球》札记。

"巴菲特属于典型的蔫坏小孩。不善运动——乒乓球除外;不善泡妞——连姐姐都不乐意带他玩,因为嫌他太土;不善交际——在读了戴尔·卡内基的书之后有所改善,时常去百货商店偷东西,专门去抛空老师喜爱的AT&T股票。这种青春期的挫败曾造就无数伟人/恶人,而巴菲特把全部的青春期动力用于一个领域:赚钱。"

"巴菲特视之如父亲和教宗的格雷厄姆,对于金钱远不如巴菲特热衷。格雷厄姆和巴菲特完全是两种人。巴菲特走的是平民路线的反精英文化,而格雷厄姆是人中龙凤的精英主义,他用法语阅读雨果、用德语阅读歌德、用希腊语看荷马、用拉丁文看维吉尔,喜欢写剧本,创作十四行诗是他的乐趣,在几个笔记本上写满了他的发明设想。除了不停变换的红颜知己以外,他对于凡间俗人俗事毫无兴趣。做他的学生、客户是一件幸福的事,做他的短暂情人也不错，但做他的太太就未免痛苦。"

企业家：

例子太多了。不一一列举。他们都是专注于自己的抽象的事业的，这种专注常常使得他们忘记自己的女人，而在需要时又找一个新的女人，然后又忘记。忘记别人，只知道自己的抽象王国，是他们的心智的典型特征。社会舆论不容许这种行为，经常用这件或那件事情来使他们走下神坛。大众太需要神了，他们总是希望别人来引导他们的生活。但这些企业家却从来不关注大众的情绪，而只是关注抽象的世界，如果这个抽象的世界恰好抓住了大众情绪中共有的一个特征，大众就很高兴了，而企业家能够得到利润。观察你身边的优秀企业家，他们是不是都经常极度兴奋地专注于一件事，也令人抓狂的"逼迫"、推动着下属，似乎也不是出于利润的动力，而是出于实现自己理想王国的抽象化了的非典型人类所具有的冲动？当然，企业家的婚姻相对稳定，那是因为他们的女人有了一个宽裕的家庭收入环境。

思想家：

康德（Kant）。独立和批判的思考始终只是少数人才具有的能力，大众是无法学会的。少数知识精英学会了，也不一定能够说服一般的学者和舆论领袖。康德一辈子孤独地坐在书桌边上研究。

卡夫卡（Kafka）。能够看到现代社会的人不再是古代社会的处在熟人社会中的意义丰富和完整的人，而只是一个个的抽象符号比如甲壳虫的人，肯定不正常。卡夫卡跟他的好朋友的关系都处理不好。

需要再举高更和梵高的例子吗？他们对现代社会的刻画是极度地令人震撼的。这种思想是朝九晚五的普通人决计想不出来的。

被浪费的天才：

第六章
― 科学自我观 ―

以上都是还能为社会和大众记得和纪念的人。但是，还有更多的自闭光谱的人，头脑很聪明，但却因为没有受到很好的专业训练，无法将自己的头脑里的稀奇古怪的想法用稳定的、可普遍传达的方式保留下来。他们多数困于自己的想象。他们也关注很多问题，反应敏捷，但却运气太差，没有人来引导他们，于是，他们成为了大家看来怪异、但又没有什么真的公开才华可以让人钦佩的人。网上那些愤青，多数就是这样。许多知识分子和关心社会热点问题的人，也是如此。他们整天追踪这些，忧心忡忡，但却没有一个可以积累的思考模式和框架，把零散的经验的信息整合起来。相反，他们始终对任何问题都保持着概念的洁癖。他们是社会公平的完美主义者，是优秀与美好的愤世嫉俗者。当他们无法用一套理论来解释这个社会，他们就用激烈的情绪作为自己独特性的证明。他们偏激、偏执、偏颇，他们无视其他社会公众和周边同学朋友的意见，他们似乎故意标高一级、故意哗众取宠。但是，其实他们往往都有很聪明的大脑；只是他们缺乏一个思考工具，被自己的激烈的情绪所袭击。

无论这些人在社会上的成绩如何，他们都是自闭光谱的人。艾斯伯格综合征（Asperger Syndrome）是自闭光谱的低端形式。精神分裂症以及古典自闭症则是其中的高端形式。十分聪明但又社会关系处理不好的情况属于高功能自闭症（high-functioning autism），属于自闭光谱的中间形式。

不是所有优秀的人都是自闭光谱的人，也不是多数自闭光谱的人都真的很优秀；有些是完全无法与人交流，通常不会认为这样的人优秀。但是，在那些优秀的人中，有自闭光谱的人是否占据多数？而在没有自闭光谱的人中，优秀人才的比率是否较低？如果是这样，就可以说明，自闭光谱对优秀做了基因上的贡献。再说一遍，在现代的后天教育发达的社会，不需要有自闭光谱才可以优秀，情况有时甚至恰好相反。

怎么判断谁是这样的人？

自闭光谱的人在少儿期和青春期的时候就有十分清楚的行为表现。最好的自闭症专家 Simon Baron-Cohen 在他的伟大著作 *The Essential Difference* 中说：

"因为兴趣与众不同，缺乏正常的社交能力，许多有艾斯伯格综合征的成年人报告说，自己在学校时曾被其他小孩欺凌或戏弄。这导致他们中的一些人发生抑郁，另外一些人则受到挫折和愤怒的折磨，他们是在遭遇同辈的不公正对待时感受到这种情绪的。"（Essential Difference, p. 144）

"通常，他们会在较高层次上追寻耗费脑力的爱好，他们阅读基于事实的书籍，研究卧室周围日影的运动，尝试喂养热带鱼，在这些领域掌握丰富的知识。但是，他们中的许多人无法提交学校要求的作业，这样会在文化课上表现不好。他们没有取悦老师的动力，只随自己的兴趣，而不是按课程体系学习。"（ibid.）

自闭光谱的人，是一些极度专注于抽象世界的人。连他们的情感也集中于抽象，而不是具体的人。因此他们多数不知如何恰当处理男女关系，而这为社会舆论所不容。接纳这一切吧。你不能得到所有东西，而不付出任何代价。

自闭光谱的人，专注于少数的方面，因此与一般人同时考虑许多事情不同，他们是极度专业化的思考者。就如惯于右手打球的职业选手，右手终会变长一样，那些专于一个方面的思考者和行动者，最后在神经结构上都会不同于普通人。这是为什么普通人很难成功的神经原因。这不是说，

第六章
科学自我观

普通人就不能成功，而是说，给定神经兴奋容易散焦这个条件，普通人要成功，必须要有合适的信息环境和持久的激励水平。

自闭光谱的人，虽然具有专注的优点，但却很容易在变动不定的社会环境中被打断、摧毁。获得社会承认的人，是其中的少数。自闭光谱的生存之路，比一般普通人难得多。一般人只要跟随社会大众就行了；自闭光谱的人要发明一个新世界，把它映射到大众已有的世界中并获得承认，这是一条艰辛之路。他们失败的概率是大于成功的。自闭光谱的人在找不到好的方法和指引来使自己的思想变成稳定的成果保留下来、放在眼前之前，也十分容易失败，甚至走火入魔，进入妄想和臆想，与周边人群关系不佳，自己会更加沉入自己的小世界，沉迷其中，无法自拔；程度和情节严重的，甚至会与身边的社交环境格格不入，出现社会交往障碍。解决妄想的问题，参考"神经兴奋的受控式氧气剥夺"一文。如何引导和稳定地保留思考成果，则需要抽象化的思考技术。

你有连续几天只思考一件事情吗？我是说一件！你用多长时间忘记一件你想忘记的事？几天，几个月，还是几年？你最长时间反复去做的事是什么？用了多长时间？如果答案是几年，那么你可能有集中抽象思考的天生能力。你的家族里有人有自闭症或者被人说成性格孤僻吗？你的家族里有人曾得过精神分裂症或者在青春期的时候有奇怪的行为吗？如果答案是，那么你可能共有自闭光谱症状。我不能恭喜你，因为你在现代社会中失败的概率比成功的概率大得多。

自闭光谱人群的演化理由与分布状态

自闭光谱的基因，之所以仍然在社会中存在，因为这些基因的拥有者是解决方案的提供者、理论的创建者、模式的发明者、新的艺术形式的开拓者、社会的相变推动者。他们有 vision，能够看到抽象的层面上，将来社会需要什么，这是普通大众里 80%~90% 的民众看不到也想不到的。这种基因一直有用，尤其是在群体出现危机的时候能够最大程度保障群体的生存和繁荣。

人类只有制造属于自己的王国，才能在充满敌意的自然界中生存。自然界依然充满敌意——从过去的虎豹环伺，到现在的淡水缺乏、气温升高、宇宙冷漠。自然是不确定的，而且，社会也是不确定的，理性则是不确定的汪洋中的一片固定的海岛。人类社会的自闭光谱患者在求解自然和人类社会的不确定性，然后它们被社会大众所模仿和吸收，使得社会更具有稳定性。由于执著于自己的王国，有自闭光谱的思想者和行动者经常互相反对，但是，如果他们都明白科学、逻辑和客观的判断尺度，则他们能够更好地引导自己的思维和行动，并且更快地在一些方面达成一致。事实上，由于他们的抽象倾向的大脑，他们更容易在非人身的尺度上与非熟人达成一致。其他的关于比如绘画、音乐创造、小说写作等方面的抽象化技术，也对他们稳定和扩展自己的激烈而深入的想法，有巨大作用。

自闭光谱主要表现于男性。男性的概率是女性的概率的 10 倍，与多数精神疾病的性别差异一致。自闭光谱与精神分裂症也许分享同样的基因构成。精神分裂症者所在的家族也常有天才出现，就如自闭光谱症状一样。一个靠近和处于自闭光谱的人，往往喜欢研究系统，比如交通系统、机动车的运作、社会的运作，喜欢研究输入输出的控制过程等。

自闭光谱更多地出现于富有家庭如贵族或地主（古代）或有产阶级（近现代）家庭，也许有诊断的报告程度原因，但主要还是因为有这类基因的家族倾向于兴旺发达。

第六章
— 科学自我观 —

　　还有一个更可怕的推测。由于自闭光谱的人在特定时候会聪明，于是积累财富的家族多数会有自闭光谱，财富的积累会带来生活水平提升，在良好的生活条件下，这些人的体型会比较符合人类祖先的善于奔跑狩猎和采集食物的正常状态。财富的积累还会带来修养的积累，人的面相好看与否据说有70%~80%取决于脸上的微小肌肉如何协调。协调得好，就长得漂亮、笑得好看。按照时间积累定律，有财富的和掌握权力能够分配财富的家族，一方面是往往存在自闭光谱的人才；另一方面他们的子女通常会更漂亮和长得好。想想，你是不是更容易在家境优渥的孩子和官家子弟那里，看到漂亮的和有修养的人，而且其中很多还性格与常人有些不同？多么残忍的结论！但是想想看，我们的祖先往回追溯800年，一定都是帝王将相了吧！如果你不是富二代，请你努力让你的孩子成为富二代；每个现在的人本来就是富10代或富20代——只是很不幸，这样的人太多了，以至于成为了普通人。

　　没有自闭光谱倾向的人，在稳定的现代社会比那些有这些倾向的人，更容易取得生活的成功（但不一定是事业的成功），虽然在社会的认可广度和深度方面也许会有所不及。但请注意，生活孤单的人多数不是自闭症。生活孤单是偶然的生活状态，而不是普遍的基因倾向的结果。孤僻、不愿意与人交流，也不一定是，因为可能出于一种情绪反应，比如在强权持续欺压之下忍无可忍的极端行为。自闭光谱的不善社会交往，并非出于情绪反感，而是情绪缺失。

　　很多庸俗的知识分子、记者和白领们看到那些优秀人物还有另一面，有糟糕的情感经历或者家庭生活处理得不好，就以为自己还是比较平衡的，没有牺牲自己的生活——他们不知道的是，他们是太平衡了！！！human, too human! 这些知识分子、网络和电视红人永远就是拥有那么多看客，不会越过一定的限度，就是那么多；他们的生活就是那样。他们很平衡，大众不太喜欢。奇怪？你觉得这奇怪吗？大众喜欢自闭光谱的人的思想和事迹，是因为猎奇？

自闭光谱的人制造新的理想世界

自闭光谱的人一旦让自己的思考和想象的王国实现在眼前，表现出稳定的形式，它就令大众震撼。作家面对空空的白纸，写下震撼的情节和动人的故事；画家在一张空空的画布上，画出从来没人关注的维度和风景；科学家面对混乱的毫无线索的一堆现象，找出其中的因果关联。这一切，都令人着迷。

但是，同时，有些自闭光谱的人也会穷凶极恶。一旦他们恰好掌握了权力，他们比一般人更容易偏离人际和社会的基本常识，用大无畏的精神，推动他们心中的理想实现于地面。结果是比普通的灾难更加具有灾难。

自闭光谱的人对待爱情的态度也与普通心智的人不同。虽然与自闭光谱这些非典型心智的人在一起谈恋爱，你会觉得他们也许不怎么关心你，而像是在研究你。但是，不要忘记一个有趣的重点：最浪漫的爱情多数是谁创造的？他们貌似研究你的行为，正是在汇集行为数据，然后设计一个非常好的系统，让你经历与自己的生活完全不同的场景，感受到平凡生活里的神奇和浪漫。爱情真的不是随性就好了、自发的感受就好了，随缘随意的生活就是大众的生活——他们的爱情是那么地平淡，与多数人的都一样。深沉、持久和令人感动甚至震撼的爱，是来自普通心智的创造，还是来自非典型心智的集中思考和表达？普通人只能感受到普通的情绪激动，他们的轰轰烈烈的爱，都是在电影上、电视上、小说中看到的。但是，那

第六章
— 科学自我观 —

些非典型心智的人，却有可能直接在你的生活中创造它，因为他们学会了自己设计，他们有集中的思考能力与把外部社会和信息环境进行高度组织的头脑，他们让你感受到生命中的美好的事情可以在一段时间一直出现，而不是隔三年才遇到一次甚至终生不遇。这是说，他们一般不容易为人着迷，一旦着迷，就全力以赴，有时让对方感到特别开心，有时让对方十分烦恼。但是，一旦他们这段时间着迷完了，他们会转向其他的工作目标。他们总是从一种着迷（obsession）过渡到下一个。所以，他们好几天对你很好，过几天又把你完全忘掉，美好的爱情是真美好，冷落的日子是真冷落，美好与冷落交替出现。这确实有时让希望一直受到关注和关心的人难以接受。但是，经过好的训练，让他们意识到爱人需要连续的温和关怀，这样就可以处理得相对好了。

当然，自闭光谱的人创造美好爱情的概率，就像他们创造伟大艺术作品或发明好的思想的概率一样，都比较低。但是，比较起来，普通心智创造令人震撼的爱的概率也许更低一些。平淡的爱是多数人的多数追求，这当然很重要。但是，有时不是也想比较强烈而持久吗？而且，普通心智容易受到外界信息环境变化的影响，在当代如此多变的社会，他们的心思更容易变化，他们关于爱的承诺也许不是那么可靠，经常牵三挂四，藕断丝连。非典型心智的人因为不太重视外部社会和世界，因此他们要么改变得很彻底，要么完全不改变，即使感情出现很多危机。推论：从平均数上看，系统化思考（systemizing）的心智对诺言的承担，要略高于共情化心智（sympathizing）。

自闭光谱的人如何理解两性和社会关系：抽象化的技术

自闭光谱的人多数只能从抽象的角度来理解人际关系和人类社会。如果没有这些抽象的理论，他们就会用强烈的情绪来代替对社会和人际关系的理解。这样，谈恋爱的时候他们会就因对方说的一两句话想三五天，久久不忘，而一般人往往很快就忘了，因为有其他事情和说法又出现了，取代了前面的。其他人劝解他们不要想太多，是无效的；他们的大脑的特点就是想得多，只不过在恋爱时，这种与大众脱节的心理模式，负面效果最突出。看社会的时候他们会完美主义，他们会被认为偏激，他们用他们那极大的常人没有的想象力，把一件不好的事的意义放大、推广到所有层面。他们追求完美的公平、正义、社会体制等。他们有时对一个小问题表现出在大众看来近乎偏执的行为，因为他们以小推广到大及远的地方。老师、领导、教授、长者、学长劝解都没有用。他们就是一根筋。从前，正是这些人的这些看似偏执的行为，在部落的危机时刻挽救了所有人。现在，他们在人类社会的稳定年代成了问题少年、问题少女。他们极端、激烈、经常思考到让大家觉得怪异。如果你身边有这样的人，请告诉他们：你是聪明的；如果你接受抽象技术的训练和懂得如何管理自己的神经兴奋，你会变得正常而且聪明。

要使这样会抽象思考但社交技能却缺乏的人在当代陌生人集群居住的社会中取得成功，真的需要很多因素配合。其中一个是关于他们自身的知识和教育的因素，一定要有人教给他们组织他们的丰富想象的技能，比如绘画技术、音乐技术、学术推理技术、实证分析技术，等等。全凭天性，很难得到有意义的成果。对付初中数学还行，对付大学的内容，天生的智力就不够了。想问题想得很多还行，要想到理论和命题的意义在于它们原则上是可证伪的、因果关系的确认在于干涉状态下的变量对应关系，这靠天生的智力就一定不够了。因为这些想法本来就是那些天生抽象思维很强

第六章
—科学自我观—

的人,经过了很多试错才偶然探索到的,我把这些称为抽象化的技术。所以,天才也必须接受好的训练,尤其是在青春期的时候。另一个因素是关键的时候有人支持、理解、宽容对待他们、明白他们的价值。也就是说,他们依然需要一个团队,a team。这个团队的人能够帮助他们解决身边的问题、各种社会关系的问题,而他们就可以专心去用自己学到的抽象化的技术,发挥自己的天性去猛烈思考,疯狂创作,然后,这个团队就能有一个分工合作之后产生的好的成绩。所以,这样的人千万不能放任自己的天性,太相信它、太迷恋它。

为了帮助这些人理解男女关系和社会关系是怎么回事,特此列举以下书籍,给有这种倾向的朋友提供理论框架。关于男女关系,戴维·巴斯(David Buss)的《进化心理学》(Evolutionary Psychology)相当不错。看了这本书,对爱情的理解既不会偏执到认为只要两人真心相爱一切问题都可以解决,也不会说只有金钱才决定爱情。关于自己在爱情中的行为和性格,Simon Baron-Cohen 是最好的、最棒的、最精彩的。他应该是世界上最好的自闭症专家,同时也帮助了无数人。一个读者曾经评论他的著作 The Essential Difference,"感谢 Simon Baron-Cohen 写了这本书,我的感谢无以言表。这本书让我明白了自己生活中的许多事;它揭示了真实的人,真实得让人心疼。"我对此完全感同身受。Simon 的很多书都值得看,特别是这三本:The Essential Difference: Male and Female Brains and the Truth about Autism,Mindblindness: An Essay on Autism and Theory of Mind,以及 An Exact Mind。

对于群体和社会,则更需要抽象的研究,不能全部凭直觉。德瓦尔(De Waal)的《黑猩猩的政治》(Chimpanzee Politics),深刻刻画了人类天生的与黑猩猩一样的群体基因如何使我们竞争、合作。哈里斯(Judith Harris)的伟大著作《教养的迷思》(The Nurture Assumption)，也告诉我们青春期时代的群体认同对我们的成长、社会定位、文化认同、价值体系是决定性的。马特·里德利（Matt Ridley）的书，例如《美德的起源》(The Origins of Virtue, The Rational Optimist)、《理性乐观派》(The Rational Optimist)，可以给一个整体的框架来理解人类如何从小群体开始，逐渐在试错中找到形成大规模的分工合作社会的机制。如果结合这本书回头看看市场经济的研究书籍，会让那些只凭天性来理解社会的脑子聪明但却被自己的激烈情绪所困的青年人，看到人类当代社会这样一个奇特的人际网络是怎么演化起来的。以后看待社会问题就不会情绪那么激烈，或者以为这种情绪激烈说明自己比别人更有道德感和正义感。

自闭光谱是一种天赋，但这种天赋又有代价，既有人际关系的代价，也有思考走火入魔的浪费天才的可能。从科学上理解它，然后管理它，让它为自己和社会服务，这是我们可以尝试去做的事。

人际与社会抽象理论的应用限制

研究男女两性关系的严肃学者很少，多数人认为实践最重要。大多数人的确得到自然的祝福，就有这些天生的能力，但是，他们的意见只对自己合适，对那些天生配置不够完美的人、对那些遭受基因诅咒的人来说是无效的。但是，他们这样说有一点道理，原因在于满足理论成立的条件，在人际关系的领域，不是那么客观，而是相当主观，取决于人对你的判断，而不是你认为你怎么样。假定我们真的（很高兴地）研究清楚了两性关系，得到一个关于人际关系的抽象框架，知道女人对男人的期待是什么，或简称女人需要什么，也知道男人对女人的心理期待是什么，或简称男人需要什么，但这并不一定能够帮助自己的现实生活。原因是很简单的：你知道

第六章
— 科学自我观 —

什么，但这并不一定能够帮助自己的现实生活。原因是很简单的：你知道通常来说一个女人期待她的男朋友是怎样的，但你不能确定你在她的心目中是否是这样的。你还是要问她，要从与她的日常接触中了解对方对你的态度和印象，而这种日常的连续接触对于自闭光谱的人来说真是一项艰难的事情。一个女人对男人的心理期待，与一个男人在这个女人心目中的印象，是两个不同的概念。前者是客观的公共标准，后者是主观的、私人化的印象。客观期待标准与主观认定之间存在距离。所以，实际的接触和相处十分重要，否则，理论明白了，但却无法应用到现实中去。

  一个男人怎么样，并不是一个客观的存在，而是在女人心目中的一个印象和判断。这件事是由女人的心思来决定的。她们有时自己也不清楚你是怎样的。你得考虑她们认知你的性格和行为的难度。不断的人际接触因此是必需的，特定的信号传递（signalling）十分重要。你说你关心她，能够给她带来美好生活，你凭什么这样说？你约她出来了吗？你为她花钱不眨眼吗？你在她生病或者不开心的时候都一直陪在身边听她倾诉吗？哦！你没有。不就是那点事吗？解决问题就行了，不需要那么烦啊。记住：在性选择的问题上，主要是女性选择男性，而不是倒过来。如果你英语四六级都没过，如果你每天只知道打游戏、大排档喝酒、为了一些无聊的事刷夜，你怎么证明你有争取财富的能力？你说你聪明，你到底哪里聪明？哪个方面大家都认为你是真的聪明，而不只是你自以为的聪明？你的证据何在？你思考问题很快，然后呢？怎么快法？即便承认直接的标准就是你自己，你自己就这么认为，你牛到不需要解释，那么，间接的、让大家公认的标准在哪里？有没有一个间接的代理标准（proxy）？比如一个什么大赛奖项之类的，特别是男性竞争激烈的大赛上？你说你关心她，她到底是否是这样认为？你在她的心目中的印象是否是这样的？她对于关心的简单衡量尺度是否达到了？即便她本身并没有什么确定的标准，但是有哪个细节曾经打动了她，让她以为你是真的关心她？这个间接的代理标准（细节），你曾用心做过吗？你的信号传送仅限于你自己和你的朋友的范围，她不知道，她不那样以为，还是不能接受你。能够体现关心的细节，也就是正确地达到接受效果的行为信号就是：经常打电话、发短信，经常约她出去，经常陪她说话，在她生病或者不爽的时候陪在她的身边而不只是电话谈两句，等等。

明白群体、圈子是怎样的，是否就可以马上融入那些圈子呢？自闭光谱的人在特定的时候还是渴望融入的。答案是不行。原因在哪里？客观期待标准与主观认定之间的距离是主要因素。你认为你自己也对他们挺好的，他们出去玩的时候你去了吗？他们一起打架的时候你在吗？他们一起 happy 的时候你是一起吗？如果都不是，别人凭什么接纳你进入这个圈子？你认为自己善于系统策划，但那个圈子里的人认识不到你这一点，你空口说他们凭什么相信你？信任是有代价的、有成本的。有的人为了加入某个小群体，决心忍受恶作剧式的甚至残忍的考验标准，这不是偶然的；西奥迪尼（Cialdini）在他的伟大名著《影响力》（Influence）中描述过美国孩子为了加入类似骷髅会受苦的故事。信任建立是很难的。人类的天生基因只能是在 150 人范围内建立信任，而且信任是这样一种东西，建立已经不容易，一旦打破，就更难重建；更大范围的就更难了。如果你要责怪社会和他人为何这样对你，那么，请首先责怪基因！

在更大型的社会交往中，比如企业，一个对你陌生的经理人，为什么要相信你是一个有高超编程能力的人？你的客户为什么要相信你有很多他们不懂的专业知识，为什么要相信你的理性分析能力比他们强因此要求助

第六章
― 科学自我观 ―

于你、与你合作？你是否也得拿出一个好大学的文凭，或者如果你藐视大学，拿出一个行业协会承认的证书（CPA、CFA、……），或者，拿出曾经编过的程序、曾经拍过的照片？信号传送（signaling）对于缩小你对你的能力认定和别人对你的判断之间的差距十分重要。在这里，信号传送是一个可以摆在眼前的证书、文凭、作品集、工作履历，等等。

明白社会系统是如何运作的，这比完全不懂要好很多，但只是这样并不足以保证自己就有改造社会的能力。自闭光谱的人往往理解系统，他们小时也许曾经着迷地、反复地研究机器。机器玩具或者机器是特定的输入得到特定的输出的稳定系统。就像操作机器需要反复练习，确定输入输出的敏感值，确定初始条件，才能得到特定的所要的结果。同样，社会系统的调整也需要如此，而且系统运作得实在多，在机器操作不是特别敏感的湿度、温度等条件，在人类社会里都有类似的等价因素，而且特别重要。但是，人类社会和群体却不能由他们来做实验调试，什么样的初始条件在什么样的环境下会导致理想的结果。参与社会政策的系统思考者，一定只能在当前的制度和传统约束下来试错行动，而不能全盘重新设计。重新设计的结果会忽视太多让现有的社会保持基本稳定的约束变量，结果有可能是一团糟。

即便设计的假设非常合乎人的现实心理和行为状态，也有规划者本身的理解与参与人的理解之间的距离问题。你认为订一个食品条例是为了食品安全，但执行政策的人也许用这条管制去寻租，制造食品的人会为了这个条例换用一些有长期危害的危险添加剂。你怎么知道你的一个条例就一定导致好的结果呢？

社会系统的运作太复杂了，信号的保真传递十分重要。这时，公共舆论、意见领袖、政治家（议员、代表等）、科普人物的作用就出来了。他们可以把一个简单的原理通过比喻、举例以及各种朗朗上口的方式传递给大众。社会给这些人以充分的认可，是应该的。

以上困难的存在，是推行理论的问题，不是理论本身是否可取的问题。对于自闭光谱的人来说，理解越多越好，然后还要尽早实际操作，从代价较小的犯错中了解如何应用，并从天生应用和实践能力很强的人才那里不断学习。

典型基因与非典型基因的生存手册

基因正常的人，容易受身边的人际环境的影响，改变自己的想法。好处是在自己悲伤时能够被劝解安慰，容易接受优秀的思想的影响；坏处是很难做出与众不同的决定，因此自己的生活和收入水平通常跟身边的人一样好坏，也就是一般水平，另外，也容易受到不太好的思想的影响。因为容易受到身边的人与事的影响，所以这些人的坚持往往短暂，为了维持与他们的长期而且稳定的关系，必须持续地给他们以刺激，以使之对身边的不断变化的人与事的环境有免疫力，或者，敦促他们重申自己的选择，以否决身边不断变化的人与事的影响，否决随机出现的多变量，而集中于由文字和语言所给出的承诺等单一的可稳定预期的变量。

基因特出的人，基本拒绝接受身边的人际环境的影响，所以，在面对人际关系的挫折时，自己不会因为劝解安慰而改变负面的情绪或感受，只有自己想通才过得了自己这一关。因此这类人走出情绪低谷的时间比一般人长得多。这与他们思考抽象问题的时间和集中程度比一般人长很多，是正相呼应的。他们的优势在于可以做出与众不同的决定，至少与60%甚至80%的人都不同。这使得他们可以在有些方面有更高的概率因为偏离众人

第六章
— 科学自我观 —

而成功。同时，也有更高的概率因为偏离众人而失败。

但是，即便如此，他们也会与绝大多数人都感受到同样一种情绪的时候加入，成为最后的追随者或皈依者，因为他们毕竟还是在一定的程度上会与身边的人际环境认同的，否则他们的祖先根本就无法在古代生存下来。

基因特出的人的生存手册

（1）在集中的思考问题的时候，只允许自己以科学的方式进行，而不是任意的概念联想。

（2）在人际关系受挫时，要意识到对方不会像自己这样执着地思考为什么，而是只有一种简单的情绪不安，容易因为身边不断遭遇的人与事而改变想法，而自己则要通过刻意的长时间的慢跑或其他生理的运动，来打消自己的情绪难以自拔的生理的神经兴奋的基础，使之转入另一种响应模式，响应人的锻炼需求。

（3）在特定的时候，知道自己也会受到身边大多数人的情绪和意见的影响，从而做出一些最终与大众相同的决定；自己完全可能在最不应该犯错的时候犯错。为了避免这一点，需要事先写出操作程序，并在自己受到影响时，按照这个操作程序请求别人来执行自己当初的决策，而不是忽然改变。

基因正常的人的生存手册

（1）既然不能自行集中思考问题，则要通过优秀的人和书籍来获取有效的知识和信息，在辨别这些知识和信息时依据科学验证的准则，而不是因为那些内容来自权威或大众。

（2）在人际关系受挫时，找合适的人倾诉以排解。

（3）把许多包括投资等在内的决策外包给专家来完成，而不是自己一个人听从大众意见来做。在这其中，选择与优秀的人在一起最为重要。基因正常的人会对身边的人产生一种认同感，如果身边的人是优秀的人，则这种认同会将一个本身正常的心智培养成一个越来越优秀的心智。如果不与优秀的人在一起，基因正常的人会与身边的人产生认同，并因此陷落或锁定在既有的身边人际环境中，无从获得突破。与此相反，找对了人，就能做对事，做对了事，就能更好地生存于现代陌生人聚居的大规模分工合作的社会。

第六章
― 科学自我观 ―

神经兴奋控制论：怎样改变日常行为和心理倾向

　　这是我以前自救时期写的一篇文章，这个方法帮助我走出了困境和得到了驯服自己的基因倾向的方法。发在这里给大家看，只是作为一个信息，所有的生活选择和做法的决策，当然属于你自己。阅读此文的行为本身即表示已经认知到此文仅属个人意见，并不构成任何生活和选择的建议与劝诱。

　　行为受到心理影响，心理的因素表现在大脑的神经活动模式。如果你想要改变一种神经活动的兴奋模式，那么方法主要有两种。换一个环境，减少给予大脑的相关信息，以免唤起相应的神经活动，是第一种方法。为减少这些信息，人可以暂时离开这个环境，到非工作环境下去待着，比如酒吧、朋友的家；或者到非家庭环境下待着，比如商场、影院等，这时不要到酒吧和别人的家里去，容易出事。如果情况再严重一点，可以到别的城市或郊野地区，呼吸新的空气，看到不同的景色。

　　第二个方法是直接改变大脑神经兴奋模式。每当那种自己准备避免的想法又在脑中冒起，立即锻炼，或者做密集的体力活动，以改变神经兴奋模式。这个想法可以很有效地扭转大脑的倾向性神经兴奋活动。它对于避免想到不开心的事情很有好处。有时太过集中想一个问题，会让自己在这个问题已经解决之后，仍然想着，无法集中去做别的事，这时也需要一场锻炼，不只是1个小时，而可能需要持续4~6个小时，这时可以爬山、骑车。一般来说，集中做完一项工作以后，都要如是操作，以保证大脑可以接受新的事物。运用的实例如下。当你花一个星期写完一篇文章，你想写新的，但写不出来，要对着电脑发呆三两天，才能集中精力。通常认为这是累了，其实正确的看法是过去的集中兴奋难以一下消散，必须要多等两天，无所事事，你才把那种兴奋模式清除，转入新的模式。延伸来看，你花了一个多月甚至更长时间集中处理一个问题，终于完成，然后你需要休息，在家睡觉的效果比较慢，最好的办法是出到野外做户外活动。这样，你很快就能打散原来的兴奋模式，随时准备接受新的模式。

以上是要避免过去的集中兴奋模式。我们也需要集中到某个兴奋模式，方法自然就是反过来。如果你想学习或者想做一件工作，则维持大脑在此方向上兴奋的方法也有两种。

一，不断给自己的大脑提供类似的信息，强度开始可以低点。不断为此做计划，不断地设计很小的、你半个小时或最多一个小时就能完成的小目标，这样你就不会被大的最终目标吓倒。每次完成一个设计合理的小目标，不断地再为自己设计新的、不需动多大脑筋和动用多少意志力就能完成的小目标。因为它们不需要多大脑力，所以你的神经兴奋不必那么强，也可以在一个合理安排的目标分解程序下，逐步完成最终的工作。学习爬山就是这样，经常爬一点，不多，又三两天就看一点关于爬山的资料。学习投

第六章
— 科学自我观 —

资也是这样。经常学，每次学一点，总体上有计划、连续地学，到一两个月后成绩会超出预期。

二，集中学习，到一个必须面对的密集环境中磨炼，密集到你的大脑根本不需要控制，那些信息就在你面前轰炸，每个身边的人都在说这个，而且他们只说这个。这样，在人际环境的刺激下、在密集信息的刺激下，你的大脑很快就会进入你所期待它进入的理想状态。学习英文最好的方法是这种密集学习方法，找个集中的环境，身边的人都在学，你的大脑无须意志力的操纵，就能进入学习状态。一个人在孤单环境下学习东西，要成功，就需要设计很多边缘设施，减轻大脑控制的压力，以使工作或学习容易进行。比如一个人在家写论文，就是这样，你需要经常同人交流，然后看文章，如果没有学校或培训班，那就自己给自己创造一个这样的虚拟或远程交流环境，比如，同与你一样的人聊天，经常接触他们的东西，所谓同道一起努力。你所做的事情如果有别的人也有类似的兴趣，那是最好，他可以感染你；如果别人只有类似的行为，那也很好，他可以激励你，与你竞争。

单纯地因为压力而一个人写文章或学习，这是很不好玩的，有时是为了交功课你才这样做。为了避免这种状态，可以尝试故意喜欢写文章这件事一阵子，全情投入进去，并且给自己设定一个终止点，以免到时真的一直去做自己开始并不喜欢、并不中意去做的事。终止点设定好了，然后就假装喜欢地冲进去做。做完了就去爬山，激烈地改变原来的兴奋模式，这样你就重新掌握了自己。这是面对那些你兴趣不高、但又不得已必须做的事的一种兴奋模式管理办法。

最后，说说怎样长久地改变自己的兴奋偏好。长期的东西肯定不是因为短期的、每天的信息接收造成的，而是无论接收什么信息都可能会长时间坚持的。只有人的天生本能、后天设计固定和经过仔细思考的东西，你才会长期坚持。天生本能是不需要意志力去控制的，虽然你可以改善它的控制方法。经过仔细思考的东西，一定是自己读书知道，想过。所以，读些你所感兴趣的问题方面的书，是长期改变的一个办法。

而后天设计固定，就是最为隐蔽、最难改变的。后天设计固定是指你在小时候、青春期或工作以后获得的生活习惯和心理倾向，它们是偶然地附着到你身上，但一旦附着，你就不那样容易摆脱，而且又很隐蔽，因为通常至少不会妨碍你的生活。所以，后天设计固定是无意之中塑造的结果，对此，可以通过有意识的训练去改变。基本的方法是，每次小的训练，改变兴奋模式一点点，这样坚持下去，你就可以自己把自己变成一个不同的人。

比如，你决定要以自己的想法为中心来生活，你就得学会应付女孩的眼泪，不像过去那样动心，你就得学会对朋友或同事说不，不像过去那样先答应下来，然后疲于奔命地去做。每次她们流泪，你要刻意狠下心肠，不要轻易动作，这样你才能在下次遇到类似事件时，避免错误的不经意的决定。每次同事要求，以为你是大好人，你就要先行否决，说我很难做好，没有这个时间，然后再想是否在适当时候可以做做。倾向与禀性是特定的神经兴奋模式通道，只要坚持改变这些兴奋模式，最终你也许就能改变自己的行为和心理倾向，让自己更能掌握自己的命运。

不是每个我们头脑里冒出的东西，都是适合自己的，都是对自己有用的。其中有些也许是你在没有什么东西可听可想时，别人就那么告诉了你，而这些观念害处最大，必须予以改变。这些往往是指小时候形成的想法，比如对财富、对生活的看法。还有一些也许是你过去一开始就那样做了，没有特意为之，但后来发现这样很不好，所以你也必须去改变的。比

第六章
— 科学自我观 —

如你对异性的观念，可能受到你初始经验的塑造。这些是危险的、不适用的，因为初始的经验与你未来在这个异质程度极高的社会里所遇到的人与事，可能很不相同。对这些，当然就要提醒自己，谨慎对待自己的心理习惯和定势，不要让别人无意中利用你的这种定势，不要让自己无意中成为这种定势的俘虏。改变的途径是读书了解、经常看看别人的行为，学习对待不同的人的方法和策略。必要的时候，可以看看相关的心理和人际关系研究书籍，以更多地了解这个社会里的人。

我们希望朋友是兴趣相投，我们希望同事是利益与共，我们希望自己热爱自己。我们不希望，心理倾向导致自己做出错误决策。

运动对神经兴奋的受控式氧气剥夺

（此文内容仅为个人思考所得，若有人按此操作，责任与风险自负）

本文简要说明一组观察到的关联现象及引发出来的解决方案。不是每个聪明的人都习惯集中和激烈地长时间思考一个问题，但是，聪明的人里面有很多人是集中思考问题的。这是假设一（这句话的包含关系要弄懂）。

正面地判断一个人是否集中思考问题，有时比较麻烦。我们有一个间接的方法：观察他们的社交行为。于是，第二个假设是，集中思考问题与社交敏感往往不能兼容。这不是说，社交敏感的人就不会集中思考问题。这是说，集中思考的人里面，社交敏感的比例相对于一般的人群要低。

一个思考集中的人，常常无视社交环境，在自己集中思考问题比如投入专业学习或工作的时候，往往手机静音、好几天不上网、一天只在回家以后才用几分钟查查 E-mail，多数也不回复，也不记得给自己的亲密的朋友打电话甚至发短信。精疲力竭以后，他们什么也做不了。他们投入工作或学习之时，就是他们的社交关系溃堤之日。

假设三，集中思考需要高度强烈的神经兴奋。集中思考在行为表现这

第六章
— 科学自我观 —

个最直观的层次就是长时间地想一个问题，心无旁骛。心无旁骛也许是后天训练的结果，但在有的人那里却是天生的性情（不要由此得出错误推理：因为我天生散漫和自由思考，所以，我不能做到集中精力专注思考一个问题，就是情有可原的）。所以，不管最底层的控制因素是基因还是后天养成环境的稳定干扰，我们总可以认为它是一种神经兴奋，比一般人的神经兴奋程度更高一些。如果是还原到从小培养的思考习惯这个层面，我们发现，很难验证和观察。也许这个层次存在，也许很多集中思考的人就是汇集了多个有效的思考小模式，然后组合起来能够进行集中思考。这是完全有可能的。但是，我们在对一个外部的行为习惯进行多层还原的实证分析时，一开始不可能每个层次都还原到，而是只能还原到我们现在可以观测的层次。这是科学理论的可证伪性或实质上是可量度性所要求的。各种科学理论只是我们观察和处理世界的更有效的工具，相比于幻觉、巫术、狂想、顿悟要更有效率。所以，按照目前的技术状态，我们还原到神经兴奋层面。于是，我们说，集中思考需要高度强烈的神经兴奋。

什么是高度强烈？一个剥夺了其他神经程序或区位活动的思考，就是高度强烈的。神经兴奋支撑着人的情绪、认知、行动、身份识别、社会互动，等等。但高度的神经兴奋可以压制一些模块，征用其他模块；或者，压制一些程序，将很多神经兴奋的信息加工程序都征用来处理当前专注的问题。神经兴奋的组合是以相对独立的模块还是以程序来进行，这对我们的问题并不是主要的。重要的是其他兴奋被征用，集中思考学问的问题，人际关系的处理就没有神经兴奋去顾及。结论是，一个高度强烈地专注某个对象的神经兴奋，往往压制加工其他对象的神经兴奋。一个提醒是，这不是你不关心你身边的朋友的理由，只是解释了你为何有时会不关心你的身边的朋友。

假设四，神经兴奋越激烈，所需血氧就越多。大脑脑区的神经兴奋需要血氧供应。大脑里需要血氧是神经科学的基本常识。这个假设很容易成立。

（http://faculty.washington.edu/chudler/vessel.html）

血氧不足会引起头晕、脑部疼痛、头昏等反应。想想你在图书馆或者办公桌前连续学习或工作 3~5 个小时你的大脑感受：那是大脑在以罢工的方式逼迫你休息。

假设五，强烈运动会有控制地剥夺大脑的血氧供应，从而强迫激烈思考的大脑待机、休眠或关机，从而保护那些不能停止思考的大脑。运动时肌肉需要氧的供应，这是常识（http://www.brianmac.co.uk/oxdebit.htm）。如果一定时间点内人体所能得到的氧是有定量的，那么，激烈运动消耗更多氧气，这样会限制大脑思考对氧的使用。反过来也许不能成立：大脑思考耗氧并不一定就关闭了运动所需要的氧气，这也许是因为（此点纯属猜测）：生理用氧优先于神经兴奋用氧。

综合以上，最好的控制神经兴奋和削弱你不想要的激烈思考的方法就是运动。

最容易找到的运动是跑步，慢跑。任何时候想到别的事情，思维发散，就走到外面快速走路，而不是坐在那里任凭思路飘走。有段时间，我经常跑步和暴走，一天要好几次，这样才能让大脑消停。

听音乐能否消解当前神经兴奋？听音乐实际上是用一种神经兴奋来代替原来的。音乐本来有复杂的结构，会有效地占据大脑当前兴奋，从而抵消其他兴奋。听完以后，不想原来的问题，但在想音乐的问题。头脑依然是累着。长此以往，大脑约束自己的能力就越来越差，虽然纯从欣赏角度

第六章
— 科学自我观 —

听音乐，还是对大脑休息有好处。

有些人也许说，如果我不想去找个问题，我就直接从大脑来控制自己，不去想。但这样想是没有用的。想本身是一种神经活动。你想用自己的神经活动控制自己的另外的神经活动，就像你提起自己的头发离开地面。对那些容易集中思考的人来说，这肯定是要失败的；即使对多数正常的人，其实也不是从思考来控制，而是他们的注意力相对分散，聚焦于多个目标，尤其是社会关系目标。一旦有人叫他们，或者他们想起了某些人与事，他们的当前精力就会迅速转移到这些问题上去，所以，其实他们也不是控制自己的结果，而是被新的不同的当前信息打乱的结果。

还有些人也许会说，如果我大脑累了，我就喝咖啡来提神。咖啡好喝是因为它给你的大脑提供了刺激因子，让你感觉不那么累，但其实，如果你的大脑已经因为强烈而集中的思考而刺激过度了，再刺激它，只能让它更衰弱。普通人喝点没什么，因为他们是兴奋不足，需要刺激的药物来补；但有些人天生大脑就特别兴奋，兴奋到大脑累了，然后用咖啡再去刺激，结果就是经常间歇性地大脑崩机，表现为过一段时间就需要长时间睡眠，或者长时间的失眠之后体力不支而睡着。我是一个大脑容易集中兴奋的人。我不敢在下午喝咖啡和茶，更不用说晚上。因为这样都会刺激大脑。本来就是要大脑停下来，不喝的时候都那么兴奋，喝了就更兴奋了。

要记住，激烈的思想活动总要依赖底层基础，这个基础就是神经兴奋。大脑的过多脑区被征用来思考一个或一组问题，这就是兴奋过度的主要原因。神经过度兴奋的结果是，钻在一个问题上好几个小时或好几天甚至几个月出不来。其行为表现是：废寝忘食、顽固/固执/偏执、抑郁（抑郁也许是因为负责快乐的地方都被征用来思考了，大脑很累，最终以各个脑区全面罢工的头脑欲裂的方法来强制关机）。所以，要消解过强的神经兴奋，不能靠自己想和控制，而是靠氧气剥夺。神经兴奋要消耗大量氧气。夺去大脑激烈思考所需要的氧气，我们就能缓和下来。反过来，如果要它集中思考，就让它自己调用所有氧气。重复一遍，运动时，肌肉会消耗大量氧气，从而对大脑进行有控制的氧气剥夺，这是对大脑的最好保护。它能让大脑缓和下来。

假设六，运动的频度和强度，从底层影响大脑神经兴奋的强度。通常要 30~60 分钟的运动，才能消解专注的神经兴奋。如果说你运动的时候还在思考，那是因为你跑的时间不够长，运动量不够大。通常要跑 30 分钟以上，跑到 50~60 分钟。20~30 分钟，是身体的正常运动准备时间；越过这个时间点，身体的代谢会加入无氧代谢，身体会迅速变得高度紧张，如果运动继续，氧气消耗也会增加，大脑会慢慢觉得头疼或头晕或发困。有没有觉得，长时间的运动以后的头晕发困，就跟在图书馆里呆上 3~5 个小时集中思考之后的大脑感受一样？所以，运动要持续时间长。要慢跑很久，要出很多汗，这样才行。

对于那些高度容易兴奋的人，他们的兴奋模式太专一，会有躁狂或抑郁甚至精神疾病（精神疾病：极度神经兴奋以至无法回归大脑兴奋的初始状态），或者至少有偏执、固执和不近人情的很多行为。他们需要持久地针对自己的奇幻意象和自由思想，保持谨慎态度。他们很不容易消解当前的神经兴奋，尤其有些兴奋是那么迷人，想 1~2 个小时，觉得时间过得飞快，虽然什么思想成果都没有留下来。如果你集中思考一个或一些问题，则你的问题不是埋怨自己比多数人控制力低的问题。前面说过，多数人根本就不需要控制，他们的大脑会在外部新的信息环境下自动消解当前兴奋。而

第六章
— 科学自我观 —

有的人就不行,他们不容易受到外部信息的干扰,甚至,他们的大脑会自我催化,使思考变得越来越激烈,直到无法停止,表现在行为上就是抑郁、躁狂等,都是神经兴奋高度集中无法顾及其他事情的结果。如果是最后一种情况,则你就正为你的大脑的集中兴奋所付出的代价就是,无法停止,必须找外在的物理手段,也就是运动,来控制它。

所以,假设七,对极度容易神经兴奋或长时间激烈思考的少数人,一定要在出现特定美好思维幻想的时候,就马上冲出屋门,开始运动。最初运动时,依然会想一些当前在想的东西,但如果经常跑步和快步暴走,不管是在校园小路上还是在跑道上,那么,慢慢的,神经过度兴奋的常态就会消解一部分,从1天想5次,到1天想3次,到1天想1次,要2~3天想1次,到1周想1次,等等。慢慢转变,2~3个星期左右,就有一些效果。3~5个月后,应该就能自如管理神经兴奋了。

跑步不是唯一方法。另外的方法还有游泳,长时间的缓慢游泳,直到大脑一片空明。对一些人来说,还包括能够出汗的舞蹈等。在特定的多天或好几周的激烈思考之后,更长时间的缓和运动也许更好,爬山和远足是一个理想选择。

以后再说不太容易神经兴奋和高度集中的人,如何让自己从后天养成集中思考的习惯。

总结以上的内容:

(1)聪明的人里面有很多人是集中思考问题的。

(2)集中思考问题与社交敏感往往不能兼容。

(3)集中思考需要高度强烈的神经兴奋。

(4)神经兴奋越激烈,所需血氧就越多。

（5）强烈运动会有控制地剥夺大脑的血氧供应，保护那些不能停止思考的大脑。

（6）运动的频度和强度，从底层影响大脑神经兴奋的强度。

（7）对极度容易神经兴奋或长时间激烈思考的少数人，一定要在出现特定美好思维幻想的时候，就马上冲出屋门，开始运动。

参考：

http://www.sciencedaily.com/releases/2007/08/070802095341.htm

Schizophrenia Improved By Mental And Physical Exercise

http://www.suite101.com/blog/lauriepk/exercise_improves_schizophrenia

Exercise Improves Schizophrenia

第六章
— 科学自我观 —

文学的自我和精神的自我

（2012年10月）

文学的自我

文学对人的影响真的巨大。小时候看过很多金庸的小说，以为人或爱就是那样：贪嗔痴、疯傻狂，如岳不群、段誉、黄药师、洪七公、虚竹、任我行，或执其一点不及其余，如乔峰、程灵素（《飞狐外传》）、李文秀（《白马啸西风》"那都是很好很好的，可是我偏偏不喜欢"）；如果世俗不允许，就自行潇洒，笑傲江湖，如令狐冲和任盈盈；如果世俗可部分接受，就用尽心力、努力争取，如郭靖、黄蓉；如果更入世，就左右逢源，没有普遍原则，只有实用策略，如韦小宝。中学时候看过一些外国人写的小说，因为来自陌生文化，其中的人物就没有那么亲切了，只觉得有意思、有个性、活得似乎自在、又有责任感，很想成为这种人，但不知道这些人怎么冒出来的。高中和大学还看了一些得到茅盾文学奖的中国小说。

问题是，什么样的文学人物，是我可以去赞同和效仿的？一个人就是一个自我，这个自我如何定义呢？一种定义是向外，以更大的群体来定义自我。很显然，把个人寄托在大的群体上，是约束甚至抹杀自我的，比如有论点认为，个人只有投入到服务于社会的洪流中去，才是有价值的。把自我向外放大后得到的社会群体有两种，一种是国家和政府，如样板戏的人物，要相信组织；另一种是母亲、家族。把这两者结合起来的则是相对隐蔽、以家国一体为基础发展起来的传统文化，在这种情况下，真正的自我就是传统、大地、母亲，只有回到大地和母亲的怀抱，才觉得找到了自我。寻根文学就是用传统、过去、母亲、家族，来对抗意识形态和公共暴力。这样的根基，在一些主张者那里是不容置疑的，但这种不可置疑的情绪化立场正暴露出它的虚弱——不敢考虑不利证据和反方论点的论点，不是好论点。莫言的《丰乳肥臀》正好揭示了中国人的精神困境：一个看似强大的人，一直依赖母亲的乳汁，这象征着，中国人始终无法完成精神的断乳。这个沉重而震撼的文学形象，触动人内心深处的思考。自诸子百家以来，我们何曾有新的和强大的思维框架和文化意识？除了依赖家族和家国同构的社会与国家，我们什么时候发明过一个理论，解决非亲族之间的合作问题，并鼓励个体的精神上的自我创造？老百姓不用想找个问题，他们只是活着，但总有一些人会想要一个解答。

另一个定义自我的做法是向内定义和追问自我。传统的肉体自我划分又出现了：我的身体、我的心情、我的真心。以身体为己任的，是放浪形骸，然后给予文字辩护的，如《废都》，也如后来的棉棉。以自己的心情和偏好为依归的，是一根筋主义，心情越激烈，就越证明着自己的精神强度，如《过把瘾就死》。有时竟要激烈到这种程度：越是显得不在乎，就越是提示着自己的追求缥缈，一切已有的，都庸俗不堪，一切曾存在的，皆过眼云烟，那众人心中的爱，都还不是我要的爱；那众人心中的恨，都还不是

第六章
— 科学自我观 —

我要的恨；我要的爱与恨，形色全无，淡到极致，才显真色，如林夕的歌词，如程灵素为了爱，信上佛，"由爱故生忧，由爱故生惧，若离于爱者，无忧亦无惧"。只不过要的是那一点感受，强求就无理了；只不过要的是那一点平淡，太热烈就焚毁了。爱得极其热烈，与爱得极其平淡，是逻辑等价的：它们所坚持的，都是那一点无法稳定、无从预期、无处共鸣的情绪。如火烧着，与心如止水，都一样令人无法回应。因为不愿接纳社会的任何规范，因为要完全从自己、自我、ego 出发，设计自己的爱与人生，于是，陷入到无可依靠的境地。也似乎只有这样才是真心，真心是可靠的，一切对真心的约束和由过去的别人的甚至自己的经验形成的稳定习惯和模式，都是不可靠的，都在毒害自己，都不是本心，都不是那么纯真。所谓真心，就是要消除一切其他约束，无论他人的、社会的，还是自己的。不要你管；不要传统，这是可以想象的。而且，对自己与对方互动的习惯作为，也要一概否定。每次都要自发，要发自内心。但内心是什么？真心是哪样？只能往空中胡乱抓一个偶然的事，当作习惯，要全部坚持原汁原味的，结果是原味找不到，只剩下空洞的追忆和无聊的埋怨。

越是顽固坚持、罔顾其余，似乎就越是有个性，因为与一般的人平衡若干需要不同，他们是执着的、坚韧的、特立独行的。但这种所谓的有个性的人，其实是不值得效仿的，因为那些个性，贯彻到极端，无非是纯情与蛮痞，或者贪嗔痴、疯傻狂，都是偶然的情绪，没有真正尊重自己、尊重他人，只是尊重特定的情绪而已。为了自己的一些情绪满足，不惜伤人，甚至伤害到人还不自知，以为只是自己的真心，怎么可能伤到谁？以为对方不清醒这才不愿理会自己。把个人情绪当个性，这种个性，都是偶然性。那没有得到响应和深化的、坚持己见的爱，是真的爱么？不是，绝不是，只是自恋而已，爱上了自己的爱的情绪。而为了自己的情绪满足，故意和持久地扭曲现实，以配合自己的心理感受。我后来知道，人都会为着自己的关切和偏好，扭曲当前的现实；事实上，自然从来没有给我们的大脑装配好完美的追踪现实模式的机制；它只是够用就行。到了人类可以利用文字来肆意思考的时候，那些狂野的念头不加约束，是很容易伤人伤己的。普通人的思维不会那么激烈，他们通常没有机会体验到这一层。但作家、政治家、企业家、聪明的青年人，不是普通人，他们中总有一些人，会在某个自我体验方面，走得足够远，以至于自然界给我们装备的社会约束机制，根本奈何不了他们，他们是幻想家、破坏者、创造者，也是毁灭者。那些鼓吹透明、纯真的人，有多透明和纯真呢？无法定义。通常人们这样讲，也没什么；因为多数人对社会的影响沿着自己的朋友圈子向外，极快衰减。但也有少数人，特别是聪明的人，思维特别强烈的，会强力地执行自己的想法，这时，纯真就有危害，甚至变成公害了。

  邓晓芒老师的《灵魂之旅》的中心主题是，改革开放后的伤痕文学、寻根文学，都试图为自我找到一个根源，但找到的无非是国家、社会、政府、传统、大地、母亲、偶然的个性、特定的被骄纵的情绪等，全是肉体的自我，或者是它的整体（国家、社会、政府、传统、大地），或者是它的部分（母亲、偶然的个性、特定的情绪），而不是精神的自我。最震撼的论述来自对王朔小说的分析，在王朔的人物那里，蛮痞＝纯情，越纯情，就越有资格说得淫秽；越是说得淫秽，就越是真性情真自我。这个公式对当时的我造成巨大的冲击，彻底毁灭了我本已飘摇的风花雪月、才子佳人、调笑人生的胡思乱想。没有层次的精神，只能走极端，偶尔极端一下，也许新奇有趣，极端走多了，于是令人厌倦，因为菜谱只有这两色。

第六章
— 科学自我观 —

《灵魂之旅》对外在的放大的自我和内在的部分的自我的深入骨髓的批判和分析，否定了一切认定自我是偶然的因素的论调。无论自我的存在，是为了社会、国家、民族，还是为了父母、家族、传统，是为了肉体欲望，还是为了平淡之极的心情，还是为了所谓的真心，都至少是不可靠的、不稳定的、可质疑的。这些以肉身的自我或物质性的自我，就是通常意义上的文学的自我，而它显然不足以作为自我形象的模型。那怎么办？以超越肉身、以超越世俗肉身和物质偶然的信仰的自我作为根基吗？这是宗教信仰的思路。这条路也是走不通的。因为一个超越的、人格性的神，比自我更不好理解。其他任何形而上学的非物质的对象，情况一样。法治、公平、正义，不是自我所要皈依的新神。《灵魂之旅》提到史铁生的精神反思和残雪的不断反思、打碎、创造自我的精神运动，作为新的自我探索的代表。

按照残雪对于文学人物分析的方法，作品里的每个看似不同的角色，都可以看作是同一个自我的不同形象和侧面（残雪:《灵魂的城堡》）。这个方法很好，很有力，也可以得到关于自我的科学理论的认可：并不存在一个真我、本真的我，自我是一连串的、多层次的事件，有生物学的、心理学的、文化感染的。生物学的自我，指的是我们的基因塑造，主要是生理的欲望。心理学的自我，指的是在部分程度上受基因调控但却吸收很多环境信息而形成的特定神经回路。文化感染的自我则主要基于人类后天发明的符号、观念，在此基础上主动操作或被动感染而形成的自我叙事。

文学作品不会将这三重自我严格区分开来，而是交织在一起论述，尽量走极端，尽量不要太平衡，而是把其中某个方面发挥到极致，这样会震撼人，这样就在代表着人类向思想和精神享受的高地发起冲击。太多的普通人，淹没在朝九晚五、养车供房的琐碎生活中，无暇、有些也没有能力在文学和思想等领域做出这种工作。这是人类社会知识分工的体现。

　　人是一个多目标的函数，或者说是多层结构化的生命体，它有多个层次，在每个层次上都可以很复杂。探索出新的复杂层次和广阔维度，就是理智思考的工作。文学里的自我，必定是做了某些事、交了某些人、说了某些话。如果人与事、想法与行动，都是具体的时空里的，而且与身边的生活接近，这样的自我就与日常叙事的、我们自己眼里的自我没有太大差别，这样，就成了电视剧、肥皂剧，如《让爱情进行到底》《蓝色生死恋》《蜗居》。好的文学作品在广度和深度上都有突破，不是只讲一次恋爱、一个人物、一段时间，比如《白鹿原》讲述了百年家族史、《平凡的世界》描写的是来自不同家庭的人物在剧烈的社会变迁中的生活、《笑傲江湖》描写了一个独立的东方的江湖、《追忆逝水年华》构造了一个过去与现在都凝聚在一刻的无比丰富的意识流、《哈利·波特》创造了一个完全新奇的层层制约的魔法世界。

　　为了深度，小说家也许会代表我们去拼命，通过文字在理智上拼命。拼命的力度不够，就会停留在某个具体的地方，作为永久的休息地，这就是寻根文学的病根。它们搏斗，但却试图在某个地方停下，并以此为唯一的观照点，评判过去的一切。这与日常生活的人物有何分别？俗世倥偬的人们，受到多个目标的同强度牵引，因而在每个目标方面都无法达到极致，无法开掘出新的层次，只是停留在关注、转发、骂几句的层次。但文学的自我，却会在某个方面马不停蹄，奋力掘进，直到达到可怕、惊人、变态、恐怖的地步。文学的人物形象有时惊人:《丰乳肥臀》的上官金童一辈子痴恋乳房、《过把瘾就死》的杜梅为了爱可以把自己的丈夫管到毫无行动自由。知道执着会让人变态，会伤己伤人，所以一些人物形象四平八稳，要尽量

第六章
— 科学自我观 —

消解自己的冲动，没有上帝做最后的调解人，东方文化的人就求诸佛与道，归于自然，或归于空无，力图要将一切强烈的、使得创造伟大成果成为可能的冲动，都尽力隐藏、化解、毁灭。

破坏性与探索性的冲动，需要管理，这种意见反映在社会的主流观念中，就成了：不要走极端，要尽量中庸，或者，如果这个词失宠了，要平和、要淡定。官方当然希望，这些创造的冲动，都为社会稳定服务，都要便于管理。但是，优秀的文学作品，通常也不会执着于政治一隅，而是超越政治、时代、民族，是人性的力量的展示。所以，政治干预文学的说法，有一些是属于夸大其辞。只要作家有读者，有市场，有饭吃，无论什么体制下，都有机会创造伟大的文学作品。

文学的自我通常最后停留在某地，是不是也有类似的自我约束？你总要到一个地方停下来。不然冲动会变成魔鬼，把人物毁灭。停在何处，以何处作为自我的认同基地，是最重要的文学问题之一。

如果这个休息地是自然，则天人合一的文字，是优美的，如苏轼的《赤壁赋》。友人感叹人生短暂："寄蜉蝣于天地，渺沧海之一粟。哀吾生之须臾，羡长江之无穷。"苏轼何以答之？水月无情，但人有感受能力，"惟江上之清风，与山间之明月，耳得之而为声，目遇之而成色，取之无禁，用之不竭，是造物者之无尽藏也，而吾与子之所共食"。这种感受能力让人觉得，生而短暂，但能看尽一切，却也逍遥自在。永生为何苦？只愿一生漂流。有所见、有所闻、有所感，此愿已足。俗世喧嚣，吵闹无比，山中鸟鸣，才显幽静。

但俗世的欲求太强烈，社会地位的变动太猛烈，完全地归隐山林，甚至短暂地在自然中寻求安慰，都是现代人做不到的了。革命年代，坐在书桌前探索纯粹的自我，是很难了。伟大如鲁迅，也写了太多的杂文，讽刺

打破自我的标签

社会和文艺界，对他的创作似乎没有什么好处。他的呐喊，是太多了一些，妨碍他的才华发挥与精神掘进。席卷一切的观念是：文学创作要为社会服务，要走现实主义道路。这时，自己的心情、爱情、家庭都是小我，只有为社会、为革命、为组织、为群体服务，才是大我。这并非现代的独创，而是历来儒道的分别。其中最突出的是样板戏，还有一些革命作品。这种大写的我，其实空无内容，缺乏层次，极度容易引起审美疲劳，阅读的边际效用加速递减。然后就是改革开放以后用于对抗意识形态文学的伤痕文学，以小家反大家。伤痕文学是没出息的，只是一种受伤以后的呻吟。以自己受了伤来定义自我，这太萎缩了。于是，要找一个肯定性的自我形象，寻根的自我出现了。这就开始了自我探索的大表演。邓晓芒先生在《灵魂之旅》中，分析了很多寻根文学的人物的自我形象，它们都是作为休息地和评价参照点的自我：母体、纯情、内心感受、文字修饰过的肉欲、某地的语言、可爱的纯洁的女孩、荒野之地、乳房与母亲。的确没有一个是政治意识形态，样板戏是没什么好评论的。但这些自我都依然是萎缩的，因为它们以为可以找到一个最后的休息地，然后就可以结束了。它们的孱弱，正体现于这种天真的期待之上。

现代社会的流行文化中，也有很多类似的精神安慰剂。因为爱得可以太热烈，而结果却未可知，所以一些人发展出来无所谓的观念，帮助自己消解那剧烈的痛苦。在他们眼里，那爱的自我是什么呢？只是自己的一种情绪。林夕的歌词听过吧？"你和我反正会殊途同归；如果一切变得乏味我不介意半途而废；伤悲何来伤悲我才不会我怎么会；喝醉我想喝醉不管那是一杯开水"（王菲《麻醉》）。因为社会地位的追求冲动有时太猛烈，人需要暂时安静，各种面向小资和中产的文化或时尚产品于是被发明出来，

第六章
— 科学自我观 —

让人可以说，这代表着我，这就是我，我就喜欢这样，爱谁谁，每个人都有自己的个性。对此我们说，偶然性不是个性；这些以偶然的存在的产品为自我之形象的证明的，无一不被摧毁。追逐不断出现的时尚和新品，可以在心理上不断重复这种自我，但深层次的开掘与结构性的体验，就相对罕见了。对于消费者和大众，我们没有过多期待。对于自己，我们会如何？让自己认同消费主义浪潮中的各种消费品？有了这个，就等于自我实现了？完全没有任何一个，绝不等于自我实现；但有了其中一些个，就以为自我实现，这也只能说是具体的、平面蔓延的自我。强大的力量不在其中，虽然正常的生活对于多数人也是挺好的。

精神的自我，不会停留在哪一个地方，每个停留的地方都会被毁灭，我的每次出击都是一次失败。一旦踏上精神探索的路，不要幻想还有哪个地方可以停留。停留在家族、传统、组织、国家、政府、社会、历史，是不行的；停留在肉欲、感受、心情、纯情、野蛮、纯洁的女孩、永远照顾自己的母亲、未开化的地带、特殊的文化创造，是不行的；停留在现代社会下的特定的心情和感受，特定的消费品、时尚和新潮，也是不行的。精神的自我，只是与自己的任何一次特定的自我的不停顿搏斗。没有哪个具体的驿站，可以永久有魅力。

史铁生正是摆脱了这种简单与幼稚的伟大作家。他不再相信任何一次具体的探索成果，就是自我的终局。他相信一切特定的探索，都有精神的残疾。巧合的是，史铁生正是一位残疾人。邓晓芒先生猜测，人是否总要通过肉身的残缺，才能深刻地摆脱精神的懒惰，意识到每个精神成果都不过只是精神旅途中的一个驿站。我们每天、每时每刻要面对的，都只是精神的不完美，而我们还直面着它，就在这里跳舞，戴着脚镣跳舞，因为除此以外，别无自由。史铁生的小说《务虚笔记》，文笔美得如诗，而思想依然力透纸背。回忆初恋，美好无比，却决不会像某些电影中的一些人物那般沉迷；回忆过去，有时感伤，却绝不伤而怨，继而恨。诉苦与伤痕，均不存在，尊重自己的过去和精神残疾，与不完美的自己和解，而还要向着新的地方去。没有一劳永逸的解决方案，一切只是无尽的探索，以宽恕的精神，以温暖的眼神。

精神的自我

生活的自我是有多个目标、且各目标相对平衡的自我；文学的自我是在少数几个特定目标上激烈搏斗的自我，这需要某个特定的价值体系来帮助选择目标；精神的自我是在当前给定的某个具体目标上开始探索、不断向前掘进且永不停止的自我。对生活的自我，有各种口耳相传的模糊操作目标，你要工作、爱情、家庭、休息都不耽误等。对文学的自我，不同的作家选择让人物角色从不同的相对极端的视角来行动和看待世界，这个视角可以是世俗生活，这是现实主义；也可以是想象的空间，这是魔幻、神话、信仰等。对精神的自我，不存在一个可以稳定下来的不变的视角，无论它是具体的家族、传统、心理，还是抽象的正义、爱恨、理想，一切都只是暂时的驿站。

因为精神的自我不必有严格的现实对应的形象，所以一些探索精神自我的作品，带上了先锋的、虚幻的色彩，讲的事情，与普通的现实生活完全无关，你不可以用自己生活中的人和事去套，套了必定失败。卡夫卡的《变形记》，虽然从小白领开始，但绝不是讲普通白领受到市场经济和分工社会压迫的；歌德的《浮士德》，也绝不是一个老人失去道德，才做出了惊世骇俗的事情；残雪的《黄泥街》，也不是在讲一条街上的人的具体生活。相反，

第六章
— 科学自我观 —

所有其中出现的人物,都可以看作是自我的不同面向,各个人物之间的关系,就是各个部分的自我之间的关系,它们的互动,也就是自我的探索和自我塑造的过程。残雪在她的一系列文学评论中发展了这种方法,将它应用于分析卡夫卡、歌德、莎士比亚、但丁、卡尔维诺、博尔赫斯、鲁迅。其中最杰出的,就是《灵魂的城堡》。这本书讲述了精神的风景和精神探险的历程,难以理解,而又优美。

很多人都会认为,找到精神的自我,就终于可以休息了。这里就是终点,好比找到组织了,但这是一个非常大的误解。精神的自我与普通文学的自我的根本差别就在于,它根本不承认一个具体的终点;精神的探索,无始无终。在自我的精神掘进上,不存在一个确定的一劳永逸的答案。所以,精神的自我,没有终点。

那从哪里开始呢?要选择一个好的出发点。好的开始,岂不是成功的一半?精神的自我,也不在意你的出发点是什么。重要的问题是开始,向内掘进,挖掘精神的层次,丰富精神的结构,启动精神的历程,而不是只在一个平面上滑动。你可以从任何一个地方开始,探讨它可以给你的精神感受,然后它就会开始不满足、不够味,或者说,审美疲劳光临,边际收益递减,于是,不是抛弃它,而是否定它,得到一个新的成果。这个新的成果站在原来的精神环节的对立面,但然后你希望用一个更复杂的环节包含这两者,于是得到一个更新的环节。每个环节都在试图为自己找到一个稳定的可辩护的依据,在这种寻找中,不断否定自己的具体内容,不断纯粹化,直到最后,发现精神的自我不是 X,也不是 Y,还不是 Z,而就是一个不断从 X,发展出 Y,然后又发展出 Z 的历程。这个历程的每个环节到底应该如何,并没有规定一条死路,好像必须这样走或那样走,事实上,每次探索都可以走得不同，重要的不是到底经历了这些或那些阶段，而是有没有去经历一些阶段，无论这些阶段的内容是什么。

例如，从爱情的动心开始自我的探索吧！动心以后，就有行动，行动之后，要在一起，然后，自己要的是什么？欲望的满足，还是生育的需求？都不是。只是那单纯的爱。要这时这刻就有欲望的满足和子女的生育吗？当然不是。要的是那纯而又纯的爱，这就是王朔式的纯情。接着，因为有了纯情，因为什么目标也没有，只是要爱，于是，就可以提出各种要求，要时刻陪着，要绝不离开。但一分钟也不分开吗？腻味不是？时刻陪着，那还工作吗？文学的自我，是不需要工作，也不害怕腻味的，至少一开始不害怕。于是分分钟都在一起，时时刻刻都看着对方，要特别纯净地看。然而，这就开始限制对方的人身自由，纯情一旦开始发挥作用，就发现自己不再只是纯情，而是人身约束。人身约束往前走，就已经不是爱情，而是桎梏。落于桎梏中，是爱情的自我的初衷吗？不是。桎梏本身也不容易稳定地存在，拴得住你的人，拴不住你的心。对方并不爱你，你还要拴住人，占有身体，而且以爱之名，振振有词，以恶毒的语言贬损对方，那就是蛮横和痞性。蛮痞会把一切美好的，都降格为猥琐的、下流的。

日常生活的人，不会如王朔的爱情小说里的人那么极端，因为文学的自我就是要代表我们，在文字上做极端的试验，但现实的自我则会平衡各种目标。所以，如果要拴住对方的心，就要想方设法为对方好，就要考虑、照顾对方的需求。对方要工作，所以要出门，不能每天在家，大眼瞪小眼，那不是爱，那是监视。对方有人际交往，不是每时每刻都能陪着。在爱对方时，也放手，这样就能收心。放手放到多少合适？夜夜不归，还继续放手？两地分离多年，也坚信真爱不变？放手的目的是拴住心，可对方的心

第六章
— 科学自我观 —

是什么？要经常确认，要经常见面，要有爱的成果，见证和稳定飘忽的心情。所以，爱情的归属是家庭和子女。但难道有了子女，就只是抚养子女，不再理会对方的情感和需求？等等。这样，就开始了一个不断前进的博弈过程。这就是爱情的自我的探索。看起来这个历程很复杂，但幸运的是，对如此重要的事情，自然界早就给我们的大脑装备好了各种程序，让我们可以不必费力地去执行它，以上的所有内容，我们都很容易读懂；想想一个机器人，它是很难理解这种精神的进程的，至少现在不会，它不会不说明人工智能很愚蠢，而只说明自然给我们的先天设计，足够复杂和精致。

爱情的自我，从精神上，就是要从一个驿站不断走到下一个驿站，不可以停留在纯情、拴住身体、或放手、或留住对方的心、或抚养子女等。这些都只是一个个的环节和阶段。爱情的内容包含这所有，以多个的环节，在不同的程度上呈现。所以，在爱情中，自我是一连串的、多层次的事件。从哪里开始都行，只要勇于探索和努力创造，都会形成精神的丰富历程，看到精神的变幻风景。

再来看看自我的人生实现。你从什么具体的想法开始，从精神的自我角度来看，这不重要，重要的是不断地进行、不断取非自己的过去，而且不停留在哪个地方，以为那就是你的终点。歌德的《浮士德》就揭示了这样一个人物形象。浮士德年事已高，即将离世，但他的内心的愿望却是更多一次地体验人生，于是与魔鬼打下赌约，魔鬼给他能力，他给魔鬼灵魂，如果自己满足，就输掉。这个魔鬼其实就是他的另一个自我、容易满足的自我，存在着精神的惰性，时刻准备着在某个地方永远停下来。而浮士德则是不安息的冲动的自我。变回年轻人以后，他以勾引少女开始，结果在恋爱的过程中，女孩的家人为此死去，爱情结束了。爱情的结束就意味着人生终结吗？不是。他又开始一连串的冒险。重点不是过去的失败的爱情有多痛苦，而是你能否与过去的自己告别，勇于承担创造新的自我的责任。这个责任不因任何层面的生活失败而被推却。于是浮士德去了政府当财务大臣，功业已成后，他又回到海伦的时代，与海伦再入爱河，但他们的孩子去世，海伦太过伤心离世，他再到了海滩上，想要把那万年不变的海滩，改造成一个人间天国。浮士德不断地追求，从来没有满足。这种精神状态，就是自我的实现。

自我是实现在哪一个点上吗？为了某个环节而不要其余？不是。你可以建功立业，但不必因此废弃爱情与家庭，顾大家舍小家，只是骗人的鬼话，让你的生活只剩下孤单的平面。你可以爱得热烈，但也不必因此就毫无社会地位的目标；沉湎于爱情，而忘记自己在社会竞争中的局势，爱情失败就怪社会不公，这样的生活很脆弱，这样的精神框架是秸秆造。为了爱情完满，你要努力拼搏，在激烈竞争的社会为子女和家庭营造相对稳定的环境；为了追求社会地位和服务社会，你也需要明白社会是由个人、家庭以及其他不同群体在不同层次上组成，社会并不是抽象地存在，而你就是社会的一部分，所以你自己都过不好，说服务社会，岂不也是骗人？那些鼓动人们以社会为名放弃个人和家庭生活的观念，是希望你的人生只有一个方面，这不是丰富的自我，而是片面的、狭小的自我。

不要对自己现在的状态而满足，也不要因自己现在的状态而愤怒。只要不断开掘，你就能创造新的自我。从哪里开始不重要，重要的是开始，而且一旦开始，你要意识到，这并不存在精神的终点。

以爱情、人生为例的自我探索，还是比较容易理解的。残雪在她的多部小说以及评论卡夫卡的《灵魂的城堡》中所说的精神的自我探索，就更

第六章
—科学自我观—

加抽象和难以理解，但其实质，与此相同。

伟大文学作品里的自我探索，不以任何一个阶段为满足，而是永恒的自我发展，由于对自己的任何一个状态都在短暂认可后就感到精神上的不满足，所以，它要不断地取非自我，不断地自我折磨。这种精神形象，在哲学中也有反映。邓晓芒先生的《灵之舞》，比较中西人格的差异，就涉及自我和人格的发展问题，其中的思想，在他更早的研究黑格尔的《思辨的张力》中有更系统的和专业的说明。从哲学上说，精神和意识，也不归结于一个具体的环节，不管这个环节或本源或基础是神、天生观念、经验、我思，还是传统、社会结构、理性原则。那些归结于一个具体或抽象的原则的说法，都是某种形式的基础主义，或者形而上学，难以容纳精神和意识的自我约束、自我定形的创造力量。

在哲学家邓晓芒与作家残雪对谈而形成的一本新书《于天上看见深渊》中，邓晓芒写道："在残雪看来，天堂其实只不过是宇宙理性，人从来都生活在天堂中，只是他不自知罢了。他觉得自己的生活像地狱，但只要他仔细倾听，他就会听到一种呼唤，那对他就像一种先验的命运，或不如说使命，他由此而获得了一种'点石成金'的眼光，在别人只看到一片瓦砾的地方，他会发现美丽的图案。"

就在这里跳舞，地狱就是创造的天堂，俗世就是你发挥的地方；那许诺的天堂，如《1984》，只是万劫不复的地狱，让人深深沉沦，精神上彻底懒惰和萎缩，再也没有创造的余力。就从现在自己的生活状态开始，不断地前进和创造吧！不要幻想奇迹发生，有人忽然救你出门；所有的奇迹，都是从不起眼的地方，逐渐积累而成。

演化的自我

（2015年5月）

引子

文学的自我以不同于平均大众的方式，将某个动机和情绪尽情发挥，以为这是真的自由。精神的自我则知道这种自由也只是一种自欺，我们必须从某个特定的自我或动机开始，但它还不是你，而只是你的驿站。人不断经历着精神的历险，不是外部环境逼迫你，而是自己逼迫自己。但这依然容易让人感到精神的挫折。现代文学的所谓每次出击都是一种失败、西绪弗斯式的重复的战斗，预设了一种真的精神自我。

但只有基于普遍人性的自我才是真实的，它来自人的演化天性。在小型部落社会的熟人关系下，基因导致的性格倾向锁定了角色分工，塑造人的意义感。农业社会——更不用说现代工业社会，摧毁了这种意识。

农业时代的超部落的等级社会，用意识形态来改造和重塑天

第六章
— 科学自我观 —

性的自我。工业时代的非血缘陌生人社会，给年轻人脱离家族和等级身份的平台，但也令之无从定位和认同自我。一切都变得太快。所谓自我，就是不断超越过去的自我，但这其实是基于对现代社会的伟大成绩的恐惧。

无论权力、知识、财富、修养，都来自刻意的练习、多层的突破和长期的积累。所有的成绩都是在新皮层的控制之下，编织自己形象，并组织身边资源来实行的结果。这的确逆人性。生儿育女养家糊口是基本人性。但现代社会做到这点相对来说容易太多了。伟大成绩不是普通人之所能为。但同时，这也不神秘。

通常，你必须有强大的自我驱动力。它的起源是信念、不幸、他人影响，都不重要。重要的是你认同了某个目标、某个自我形象。然后你向优秀人看齐，一起学习，一起工作。这需要持续的奋斗。另一方面，你也不可能永远超越。你只能在自己的特定条件下，做特定的改变和积累。你只能从这里跃迁到那里。

你不是永远不停战斗的抽象自我。你是活生生的有特定激情和动机的自我。你做可以做的事，也与特定结果和解。你不必有持续的挫折感，好像每次成功都是失败，每次的新高度都会被以后的自己超越，因此就不值得纪念。不是这样。在一段时间，你只能做到那么多。你投入了、你执行了，那几年你功德圆满。

我是谁？这个问题与普通的问题在类型上不同。问，张三是谁？直接找出这个人，让我们看见，这就是答案。张三就是这个人。然后可以从社会关系、经济收入、性格长相来描述这个人，描述的细节丰富程度，与大家对这个人的关切程度相关。有时会一直谈论张三，有时只是回一句，哦，也就过了。

现在问，我是谁？如果我有姓名，李四，那么，我可以回答说，我是李四。这个问题会继续下去。李四是谁？我们依然可以从社会关系、经济收入、性格长相等方面来描述自己，但是，这种自描述却没有边界，你对自己的关切程度极高。假定你开始非常详细地描述自己，描述得废寝忘食，反省、反思，为自己的过去哭、笑，为自己的未来哭、笑，然后，你说，这些描述就是我？似乎还不尽然。好像我既是现在这样，也可以是某种可能的他样，实际的、观念的各种描述同时聚集在"我"上。然后你忽然想到，我自己认为我是这样和那样。这个在后面进行判断的"我自己"又是怎样？这个"我自己"显然跟这个"李四"不是同一个层次的。

问张三是谁，答案是一组确定的性质：$a_1+b_1+c_1$。问自己是谁，答案是一组确定的和待确定的性质：$a_2+b_2+c_2+...+X$？你看待别人，认为别人有确定的性格、习惯、阶层、知识水平，你看待自己，却不仅仅只是如此。反过来也一样。别人看待你，把你当成确定属性的个体，对你很自在地进行描述和判断，别人看待他们自己，也认为自己不仅仅是你眼中的固定属性的个体。此其一。其二，我还意识到，是我在认为我是这样或那样，这才是最关键的。我是谁，其实有一层自描述，我认为我是谁；他是谁，是一种描述，我认为他是谁，其实还是，李四认为张三是谁，还是他描述。这两个问题在范畴上是不同的。凡是涉及自描述的问题，都非常复杂，你不能期望这种问题有简单的答案。我是谁这个问题可以表示为：我认为（我是X？）。在"我是X"中，"我"是一个实际生存的个体，是李四，在"我认为（ ）"中，"认为"是一种判断和认知状态，"我"是一个做出判断和意识

第六章
― 科学自我观 ―

的概念性的我，不是大家眼里的李四，也不是我的判断和认知内容，而是我对判断活动或认知活动的意识，即自我意识，或者自我反思。所以问题可以更清楚地表示为：我认为（我作为某一个体是 X）。因此，我是谁这个自描述问题，可以分解为三个问题：个体属性、心理认知、自我反思。这是三个分立的属性么？可以这样认为。但属性本来只是用于我们看得见、摸得着的性质，例如长相、肤色、收入，这里还是把它们区分开来。自我是一个实体，同时也包含认知过程或心理程序，而且还有反观自己心理的概念思考或自我反思。大凡概念的空间分立，也都可以投射到实在发展的时间进程中。这里将从社会生态、心理认知、概念自我的演化进程来一一说明，它们分别对应着个体属性、心理认知、自我反思。

个体

最初本没有我。这里的我特指作为个体的我。我们都有一些生物学的常识，我来自我的父母，我的父母来自……来自原始人类祖先……来自原始哺乳动物祖先……来自原始脊椎动物祖先……来自原始动物祖先……来自最初的基因。经过足够长的链条，我其实是基因组所组装的实体。起源的问题很难，是因为从起源的 m，到现在的 n，中间的过程实在太复杂、环节太多、设计太丰富，以至于按照自然演化给我们普通人类打造的天生的朴素认识装备，我们很难理解如何从 m 到 n。在朴素人类视野中的 m 和 n，好似两个分立、并举的概念，基因和李四，在概念上对举了，你下意识地、自动地会把这个对举概念等同于苹果和梨子、苹果和苹果树、苹果和人类。当你借用理解后面这种对举概念的模式来理解基因和李四时，你会发现完全不能适用。苹果和梨子，苹果是苹果，梨子是梨子，空间上对举存在，用这个模型来思考基因和李四，你会想，基因是基因，人是人，基因和人在空间上并列存在吗？苹果和苹果树，苹果树上长苹果，这你能看到，你还知道，苹果种子，就能长出苹果树，苹果树就能结苹果，但你无法想象，基因怎么结出李四？也许基因就像苹果核，结出一棵基因树，基因树长出

第六章
― 科学自我观 ―

了李四，但这是什么意思？基因树里有什么？基因里有什么？单凭朴素生物学的工具，你是想不出来的。你可能会认为，基因树里有一个小李四，是它长出了李四。那小李四里面还有什么？里面的里面呢？用整体和部分的关系能看清楚吗？再看苹果和人类。苹果可以被人类吃，基因能被人类吃吗？吃了苹果，人类会健康，吃了基因，人类会怎样？吃了转基因，人类会怎样？这三种模式分别对应着人类的天生认知装备：空间、结构或功能、目的。足够复杂的演化设计，环节多、链条长、时间进程极为极为极为极为丰富，朴素的空间、功能、目的概念是无法理解的。你很难自己坐在那里空想，我作为生物个体怎么就是一组基因构造的。这种想象所使用的人类朴素视野的思考工具，根本就不够用。

考虑一个类似的多重复杂设计问题：电脑图片。你在电脑屏幕上看到一幅画、一朵花，问，它在电脑什么地方？在一个扇区里。从物理上你打开电脑，看到主板，主板拆开，看到存储器，用工业技术把存储器拆开，看到扇区。扇区里有花吗？小小花？没有。你觉得这很可笑，我怎么会到扇区里去找花！但电脑上的花从哪里来？起源问题就是很难的。由于电脑是人类科技的产物，我们当然都明白，电脑上的花不是自然界的花，而是与人类认知接口的一组程序，这组程序调用了一些软件，这些面向问题的应用语言软件依次立足于各层系统语言，从编译程序、汇编程序，到操作系统，然后还要往下，到机器指令，到微指令，最后操纵逻辑电路，这些逻辑电路又是以运行电子脉冲 0 与 1 的硅基半导体为基础。人眼里看到的电脑上的花，是一层层程序组织的结果，不是真的在电脑里某个地方装着一朵花。后面这种理解又是来自人类演化天性的思维模式，对"在哪里"，我们想到的是，桌子在房子里；对"从哪来"，我们想到的是，他从中关村来。

在这里,都有一个不变的实体从一个地方处于或移到另一个地方,从 X 到 X,实体不变。至多是,从小到大,花开花落,背后都有一个人不变,有一颗开花的树不变,实体不变,偶性变化,从属性 x_1 到属性 x_2,背后的实体 X 不变。至于从 0 与 1 的电子脉冲到电脑上的花,人类难以想象,这是从非 X 到 X,这是完全不同类、不同质的实体。大脑并没有自动装备思考复杂设计的认知模块。这样思考起来会太费时,在自然演化的过程中损耗巨大,想两天,就饿死了。要不是我今天闲着,也不会想这些。

从设计的角度来看,也没有单独某个人独自设计了电脑上的这朵花,也就是说,这朵花并没有中央设计者。在电脑上呈现的一朵花,是一代又一代电脑科技工作者的协作设计的结果,从图灵到冯·诺依曼,到肖克利,到各种各样的公司、一代又一代的企业家、程序员,没有一个人可以返回 1940 年代,自己独自设计出一个电脑,还在屏幕上显示出一朵花,这需要你有所有各代人物的才华、努力和各种协作。人类是靠无数人好几代协作做到这一点;如果电脑上的花是一种伟大的设计,那么,它的设计者就是这半个多世纪以来的无数相关人物,甚至整个科技研发、市场经济系统,甚至国内国际政治环境。没有人独自设计这一切,没有人一开始就有一个宏大计划,做出一个电脑,给它一个屏幕,在上面显示一朵花。只是一层层、一代代,人类走到了这一步。

这个多层设计的理念十分重要,通过它,我们才能理解如何从非 X 到 X,从无到有,从 0 到 1。它的反面是中央设计、唯一设计。人类朴素的心智模式能理解的设计是,一个木匠,把木头削来凿去,变成一张桌子;或者,一个制表匠找来一些零件,把它们组合在一起,做成一块表。对桌子、手表,你还是可以想象一个唯一的设计者。但对更复杂的结构,这种想象都不可

第六章
— 科学自我观 —

能了。你坐在那里呆呆地想，怎么从 0 和 1 的电子脉冲，做出一朵屏幕上的花，你怎么也想不清楚，这不是你的问题，这是人类的问题。不是每个问题你一个人坐在那里花几天就能想清楚的，你不是中央设计者。即使像刚才这样，你理解了大概的原则，也不意味着你就能做出来这个设计。在理论上理解如何从这里到那里，从非 X 到 X，并不意味着你在实践上就能做到，你还是要从具体的这里，到具体的那里，概念的跨越不代表现实的到达。

个体、认知、自我意识，都需要从多层设计的角度来理解。说说个体。按照生物学，人类个体是基因组装的表型。从基因到个体，就像从逻辑电路到电脑上的花一样，并不是不可理解的，只是你不能按照从木头到桌子的模式去理解，因为层次没那么简单。足够复杂的设计层次，会把一个非 x 变成 x，把 x 变成 y，会让你可以想象如何从一个概念变成一个完全不同类的概念，从无意识变成有意识，从机械变成意向，从无自我变成有自我。最初的基因就是一个宏观大分子，它与其他亿万个宏观大分子不同，它遇到特定的分子环境后，刚好能够通过化学作用，抓住一些与它自身反向匹配的分子，组装出自己的一个镜像结构。这是很神奇的，但没有那么神奇，它只是数亿万个兄弟分子的其中一类而已，一类恰好可以复制自己的大分子。这种复制不是完全复印式的，万事总会出错，在化学复制中，有些地方会出错，下次可能没法复制了，或者有了一些其他的化学功能。这样的功能在特定的环境中有利于它的复制，这种有差异的自我复制的分子，就是生命的起源。有了它以后，微小的优势就有了一个存储器，可以不断加在上面，变得越来越复杂，就像工具的设计千百年来越来越复杂一样。这里，基因就是一组复制指令，它借助化学力量把一些离子组装在一起，从

打破自我的标签

离散的离子材料到有秩序的可复制自身的分子，这是两种不同的状态，它们之间的差异就是信息，基因就是这种信息（不要觉得生命有什么神秘，把 0 和 1 的电子脉冲做成逻辑电路来执行人类发明的数理逻辑，情况类似，都不那么神秘，也不需要伟大的设计者，做出来，就做出来了，没做出来，自己坐在那里整天想也想不出。不要觉得自己一口气想不出的，就有神在后面控制，那只是或者没有用正确的方法去想，或者没有那么多时间去想，于是给它一个答案，让自己不再想下去。神是思考的休息点，它不是让你思考，而是让你停止思考。多层设计则是适用的思考模式。当然，你也不能整天思考这些多层设计，你还要生活）。

复制子本身成为一个小世界，它的外部环境是它的外界，它的自复制分子结构是它的内部，这时，对它的存在和复制有利的，就会保留下来，有害的，则会被排除，中性的，可能保留、可能排斥。这是丹尼特所说的边界和理由的诞生（《意识的解释》第七章，Daniel Dennett, *Consciousness Explained*）。余下的都是历史，但都是充满各种意外的历史，从这个基础出发，基因组装个体的设计，经历了一些重大的变迁：从自我复制的 RNA，一步步到染色体、蛋白和酶、原核生物、真核生物、有性生殖、多细胞有机体、像蜜蜂这样的真社会性等级组织、灵长目动物群体、人类这样的有语言有文化的社会（Maynard Smith, J. and Szathmáry, E.（1997）*The Major Transitions in Evolution*）。

没有一个中央设计者在一开始命定后来的一切。由于从大分子复制子的那里到人类个体这里的历史，总有一条路线，于是在生存偏见下，有人会认为这是唯一的路线：你总是可以从现在出发，把过去离散的点串联在一起，认为这种串联是必然的。这是典型的事后总结。但其实还有平行的、

第六章
— 科学自我观 —

死掉的很多很多很多很多路线，现在的结果的出现不是必然的，它跟其他死掉的结果一样，都是不断尝试的结果，只是你会比较重视（例如，乔布斯），还有其他结果，它们曾经或依然存在，只是你不去注意而已（例如，王安）。不重视那些对你来说不重要的结果没什么不好的，人总是重视他最重视的东西。但从现在往未来看，你要高度警惕自己钟爱的个人远见，要用极其频繁的行动来检验它、打击它、锤炼它，直到它或它的多代变种变成现实，其中绝大多数不能成为现实，或者只是极为短暂的现实。

基因一代传一代，偶尔变化，但基因组的内容相当稳定。然而你我这样的肉体，却有生有灭。道金斯用了一个耸人听闻的表达，人是基因复制和传递自己的机器。我不喜欢这种说法，不是因为它不正确，鉴于基因不朽、个体生死的事实，这种说法没什么不对，但必须剥离它的意向部分，基因并没有这种意向。可是，普通人当然会从意向角度来理解它，于是，基因控制人这样的说法就流行起来了，而且，最关键的是，人们是在君主控制臣民、领导控制下属这样的意义上来理解它的，好像一旦控制，就必须要这样做，没有任何别的做法。这是人类演化心智最害怕的，有了基因控制人这种说法，好像你就会得一种基因幽闭症，你被困在基因里，行为选项少得可怜，甚至没有，你就只能做这个，一动不能动。但基因"控制"人的说法有这个意思吗？没有。回到电脑上的花的类比，花当然是程序组装起来的，但机器语言有控制屏幕上的花吗？0与1的逻辑电路有控制花吗？喜欢道金斯的人会辩解说，说基因控制人，只是一种比喻，但正是这种比喻，有了强大的宣传力量，让道金斯的著作流行起来，道金斯自己还推波助澜，说什么基因的暴政（tyranny）！普通人一看，肯定就是以为有个暴君在那里，控制着自己啊！电脑屏幕上的花受到机器语言的控制、忍受机器

打破自我的标签

语言的暴政？到了后来，道金斯看到人们误解了，又回来说，我不是讲基因决定论。聪明反被聪明误！说基因一层层组装了人类个体，但个体并不受单独基因控制，而是一组组基因在不同层次的环境条件中竞争、协作的产物，甚至以非意向的角度说，一组组基因在不同方面控制着个体的不同行为，这样没有什么宣传力量。说人是基因的生存机器，这种比喻化的科普在宣传上特别给力，但反而增大普通人的误解，最后得利的还是无意或有意制造这种大众恐惧的畅销书作者。

所以，作为个体的我是什么？我是一组复杂的生物设计的集合。我的器官继承自人类祖先、动物祖先，它们天天运作，秩序井然，我对此可能毫无意识。你不必懂得胃是怎么消化食物的才开始消化食物，你就是在消化食物。没有科学，人就寸步难行了吗？没有蹒跚学步，人才寸步难行。科学是人类行动的升级包，不是必需品。以自己的科学知识骄于人，只是站在有限的一层视野去看他人、看社会、看自然，是典型的理性躁狂症。因为缺乏，所以追求起来不顾一切。因为害怕它其实不是唯一重要的，才会天天强调。单一的行为程序、单一的思考模式，总显得 low。

第六章
—科学自我观—

认知

能够区分外部和自身的生命是最简单的个体。有了这个最基本的基因型以后,接下来演化出一种新基因型,它能控制自己的动作,不会盲目地在环境中乱闯,而是去对自己有利的环境、避开有害的环境。刚开始是直接用躯体去测试利害,每一次行动都直接面对生死,它们是真的猛士。但这样伤亡率未免太高。新的基因型又演化出来,可以对外部环境模式有所预测,遇到特定的环境,就靠过去或者离开,这种环境探测可以由最基本的动作电位控制完成(全或无的刺激-反应)。自然逐渐演化出能够对外部现场的环境模式进行追踪和反应的基因型。模式识别的特定基因型会在生存地形图中显得特别突出,也就是活得更好。但如果单纯由它与其他的基因型竞争,演化的速度太慢了。有的个体发展出一种能力,可以在有生之年辨别出这种生存设计的好处,并在后天行为中模仿,这样,在环境中就会有天生的和后天的很多优势行动密集出现,对那些天生和后天都没法带来这种优势行动的个体造成了巨大的生存压力,这样就加大了竞争强度。有优势的特定基因型和有相关学习能力的近似基因型,就会迅速聚集,淘汰在表型上不能给出这种行动优势的个体。这是所谓鲍德温效应,也是表型学习效应，它能加速个体向好设计靠拢，好的设计因此成为一个个稳定的心智构造，频繁而持续地出现。

在直接面对、学习现场模式的基础之上，再演化出了表征非现场模式的大脑能力，这就是广义思维能力。动物的心智表征，涉及现场的内容，或者反复出现的现场内容。人类则还可以对非现场内容进行表征。狗听到铃声会流口水，人类想到食物都会流口水。人类的内部表征可以相互刺激，这是思维的实质。在离开狩猎现场以后，人类还能回忆、想象，重新感受到当时的惊心动魄。也许动物也会有类似感想，但肯定是很初级的。接着，几万年前人类还发明了语言（也许在 FoxP2 基因的帮助下），将心智活动以语音展示在空气中，这是一种伟大的创造，它为心智活动提供了一个外部舞台，依据这个舞台，人类分立的心智活动可以相互交流、确认、共鸣，人类还能自言自语。猴子也能呼唤同伴，但它们的喊声太简单，只能相当于语音，对应若干单词，人类的语言还有复杂的句法。讲故事成为人类心智的训练所。从小听、讲、看故事少的人，心智也不发达。接着是画和写，岩壁上的画，是人类心智表征的外部表达，然后是书面文字。又一个舞台出现了，这次它更加持久。画出的画、写出的字，不像语音，不说就不存在，而是持续存在，并反复提醒着你。它们就像是你的祖先、你的朋友，向你不断诉说着人类的故事。它们就是另一个灵魂，道金斯把它们称为 meme（弥母）。它们甚至可以控制你的行为。图腾、偶像、鼎文，对古人就有如此巨大的约束力。即使现在，有人也可以对着书本大笑、大哭。你很难想象，狗会对着画流泪。有了语言、绘画、文字，人类的概念脚手架丰富起来。

在空气中不断盘旋的我和你的语音，经过反复的强化，逐渐从外部来定义我和你的内部概念，慢慢人开始将身体空间边界的你我，转化为概念

第六章
— 科学自我观 —

边界的你我。凡是你看的、做的、想的，都是你的。这种概念的我的强化，最初用在猎物和食物的分配上，农业时代以后用于私有物品的占有上，我的财产的法权概念出现了。"我的财产"真切地定义了我。那时，我并不像现在的人类这样，在意一个单纯的自己是谁，我在意的是，我的财产、我的地盘、我的地位。人不仅用语言、文字来表征自己，而且用财产来定义自己。自我就在这种社会关系中逐渐编织成形。

我认为，一定必须等到语言、文字出现以后，人类才能开始连续的思考，因为内部心智表征没有外部工具是无法连续的。可以认为，语言、文字就是大脑思维的存储器。在这种意义上，人类的确是一种符号物种（Terrence Deacon, *The Symbolic Species*）。又因为语言、文字肯定是社会性的，它们都需要听众和读者，只有社会关系中才能产生，别人也是你的思维的一个存储器。因此，社会对于连续思考，也是必要条件。那什么是我？我是谁？概念的我，就是我们在日常意义上谈论的那个我，不是一个空洞的我，而是若干概念的聚合者，它本身作为聚合者，只是一个描述的重心，而不是一个发动者；它看似在指挥和控制自己的行为和思想，但这不过是一种描述的方便。"我"并没有在控制，控制我的行为和思想的，是各种层次的小思想、小行为，后者又来自控制它们的各种小小思想、小小行为，直到各种神经回路。但有了"概念的我"之后，它似乎能够调用任何概念，包括"概念的我"这个概念本身，也就是自我意识，我认为我是……概念与概念之间的调用是人类有了语法之后才有的，在语法规则所允许的空间中，它才有自己的位置。是语法打开了这个新的组合空间，没有语法，人类的大脑里就只有各种游荡的分离的表征，至多只是被重复刺激反复加强的连锁表征，不会有凭借语法关系构造的新表征。通过自我这个叙事重心所表达的各种感受、想法、观念，在社会的环境中漂浮、游弋，其中很多得到他人的认可、鼓励，或者不满、限制，这样，社会评价也对自我的内容重新做了筛选和整理，社会评价也是我关于自我的观念的作者之一，否则我的观念就还是离散的、混乱的。没有在使用的外部工具和社会环境中表达的想法，其实只是想法的雏形或低版本，不属于我对自我定义的内容。你只有写出来、对人说出来，你才知道自己是谁。反复自言自语也会憋坏的，到头来你还要写，这不只是因为你自己记不住了，而且因为记忆本身就是一种调用程序，如果你不表达，把想法变成有秩序的，以后如何调用呢？因此重点还是外部工具协助内部混乱想法获得稳定和秩序。或者，为了避免内部与外部的区分给人带来不必要的误解，好像在我的想法和外部表达之间有一个明显的鸿沟，我们可以说，某个层次的秩序是在工具的协助下整理下一层要素的结果，明确的自我就是在技术协助下整理不明确的碎片自我、小小自我的结果。

这样来看，人类大脑所能思维的概念，就像人体一样，也是一层层构造出来的，是多层设计的结果，不是你一个人在自己有限的人生中设计的。你有权说我认为、我觉得，因为社会没有禁止你这样做，但其实你所说的，多数都不是你的创造，你只是在使用人类几万年以来创造的各种想法、各种感受、在语法空间里涌现的各种抽象概念，其中只有少数是你自己独自发明的。也就是说，你不是你大脑思维内容的中央设计者，你不能控制你的所有感受和思想。不要害怕，你也不能控制你的胃肠活动，你照样过得很好。

综上所述，意识来源于行动者对外部世界的模式的追踪机制，从最早通过基因型直面和预期现场模式，到表型的学习和在大脑内部表征缺席模

第六章
― 科学自我观 ―

式,再到大脑内部自行调用自己的模式,最后甚至对这一级调用进行再追踪和调用。意识就是逐层追踪、调用模式、表征,以及表征之表征的机制。思维则是这种意识能力在外部语音、文字和社会协助下的产物。思维是一种设计,因此也是一种练习,教练来自各个层次。思维是深度练习的产物。

在演化心理学看来,人的心智是在特定的史前栖息地环境下形成的,它有若干模块(mental modules)。由于生存的紧迫需求,你没被给予机会——反思这些模块,而是任凭它们带着你行动。模块在特定的信息刺激下启动,输出特定的稳定行为;这个过程就是:特定输入—模块加工—特定输出。这个过程中,你基本不参与决策。模块自动执行、快速行动,很难被你的新皮层慢速概念推理来颠覆。即使社会环境变化了,我们也还是带着一颗石器时代的大脑生活在现代社会(约翰·托比、莱达·考斯米德,和戴维·巴斯等人的基本观念)。例如,看到美女,男人就心动了,心理的某个底层模块直接驱动,你还想什么。在爱情中,无论男女,都是靠上半身来考虑的,只是这种考虑不经过现在的你的审核,它直接执行了。万一它错了怎么办?它怎么会错呢?多少年来,它就是这样,一代代才有了你。从你的现在回头看,你的祖先、祖先的祖先,一直上溯,其中任何一个环节错了,都不会有你。它是高度可靠的,就像你的消化机制一样。问题是,这些模块钟爱的标准有好几个,它们并不一定同时聚合在一个人身上。选择的困难于是出现了。到最后,当然一般都是近水楼台先得月,小事用脑大事用心,情绪和感受主导了一切,劝说和推理是不会带来爱情的,也很难改变你的爱。为什么?你就是这样被装配出厂的。劝说和推理不能帮助你消化,也不能帮助你爱上一个人,或者不爱一个人(幸好可以帮助你编程)。

人类在交朋友、社会交谈、共情互动方面的杰出能力，令人工智能的复杂电脑程序望尘莫及。对人类儿童很容易的事，机器人却很难做到。这种对比令人震惊。认知心理学家也在很多地方发现了这种差异。他们出了一些概率测试题，两种情况的数学期望收益一致，但人们会对其中一种情况更有偏好，而且这种偏见在人群中一致而频繁地存在。在不限于概率的其他推理中，不同的字眼、表达顺序、启发词，也会影响人们的选择（卡尼曼和特沃斯基等人的研究）。他们由此提出了人类心智的双加工学说（dual process）。一个是快系统，也就是各种心智模块，它们快速执行，是演化的产物；一个是慢系统，也就是人的推理和思考能力，它们需要更多时间，用起来很费力。例如，概率思维不是人类的天赋能力，因此在多数情况下，人类在面对概率选择时，都会绕开它，借助其中的任何可能字眼，进行快速处理，这就是启发式和偏见策略（heuristics and biases），它们属于快系统。快系统是演化的结果，由特定心智模块负责；慢系统是后天练习的结果，由通用目标的思维系统负责。

演化心理学家对此做了重新解读。他们把概率测试问题用社会人物和关系重新包装，结果令人惊异，普通人又能快速做出正确的判断了。这说明，人类不是不会推理，人类依然善于社会关系推理，只是不善于纯概念推理，后者是人为制造的问题，并不适合于人类的普遍心智。学者在评论两派学者的对立时认为，坚持人的心智一定是领域特异的模块，完全排斥通用加工系统的存在，这是没有必要的；有一些人经过后天练习，也可以在逻辑问题上做出极其快速的反应，例如球类、棋类运动高手，甚至做题高手；人类并不一定需要完全听命于基因演化的心智模块，而是可以自己调节它们（参考斯坦诺维奇，《机器人叛乱》）。

第六章
一 科学自我观 一

按照我们关于心智的多重设计理论，心智是一层层设计的结果，每层设计也是神经兴奋和神经回路在它们各自的启动环境下反复训练的结果，因此，多重设计也是多层练习，只是练习者不一定是某个人，而可以是人的某层神经回路，教练则是它的启动环境。先天模块也好、后天逻辑技能也好，都是如此。快系统，在心智发育的初期，都是慢的，后来在神经回路被不断强化，髓鞘越来越厚，反应过程不受阻碍，信号不会丢失，这样才快起来，大脑受损了，回路破坏了，还会重新慢回去。慢系统，在思维训练的初期，固然是慢的，不练习的人，当然会一直慢着运行，但有的人反复练习，特定程序的调用越来越多，以至于形成职业习惯，也可以快起来。

存在一个通用目标加工系统吗？如果存在，它是什么？它也无非是一层层的概念调用程序，除此以外，还能是什么呢？人的大脑有什么神秘的芯片吗？现代人从事不同的职业，隔行如隔山，难道他们都使用同一个通用加工系统？就像电脑都使用同一种 CPU 一样？在人脑的底层，通用的 CPU 就是神经细胞、神经回路，除此以外，我们看不到其他。神经回路可以层层调用，而且必须在各层自身的专用信息通道和输入的启动之下进行，例如，心智模块调用神经回路、概念标准调用心智模块、意识调用各种概念、自我概念调用各种意识内容、社会交往环境调用自我概念。通用系统在哪里呢？我们需要的是一个层层支撑的信息加工结构，不是一个神秘的通用系统。

丹尼特在解释意识时提出，人的意识来自半意识，半意识来自自动回路或专家系统，自动回路来自更下层的更机械的神经反应，也就是说，意识来自毫无意识的机械。这是破解概念二元论的伟大创造，遵循的是达尔文的开创思维。人类总喜欢截取一个多层结构的两端，说它们之间是对立的，例如物质 vs 心智（唯物 vs 唯心）、感性 vs 理性。用多层设计的眼光看，它们之间并没有质的区别，无非是一个宏结构的相距较远的层次而已。按照我们上文的叙述，你觉得理性与感性是对立的吗？丹尼特的另一个贡献是，认为人的概念思维好比是一个串行的虚拟机，装在一个并行的、自然演化出来的思维系统上。人类后天发明的概念思维的确是一步步进行的，初中学几何证明，你要写在纸上，才能想清楚。大脑底层则不一样，它们是群魔乱舞，各种底层模块呼喊着，要在更高层主导局面（丹尼特《意识的解释》第九章）。他很重视这个群魔乱舞的比喻，以纠正常见的人类在控制自己思考的那种笛卡尔剧场式的自我观。是的，的确没有一个唯一的作者，你头脑里的我、你的概念的我，也不是这样一个作者，你也不享有对你大脑意识内容的独断的读取权，你的大脑内部对你还是一片黑暗。不要害怕（我知道你如果打算开始想自我问题，真正想下去，你会害怕）！你的内脏对你的意识来说也是一片黑暗，你依然活得很好。你对你天天使用的电脑和手机的内部电路也是一片黑暗，你依然用得好好的。你把你自己的大脑用得好好的，即使你不知道它内部在发生什么！没事的！该吃饭吃饭，该恋爱恋爱。你只是没有思考自我的合适的概念工具，大自然和人类社会并不会自动给你装配这种工具。这种工具是达尔文以来才逐渐发现的，而且即便到了今天，它也极其难以掌握。它是精神世界的珠穆朗玛峰。

　　但还有一个问题。如果底层是如此混乱，每个层次的各个要素之间，在那里争来吵去，它们在上一层组合的稳定结果，是如何保证的？丹尼特也没有太多着墨这个问题。原则上，这当然是各层的自然选择的结果。多层的自然选择需要多层的适应环境，我们想知道，这个环境是什么，是什么训练了自我，让它从多层设计中涌现时依然在人类表观这一层保持着相当程度的稳定？

第六章
——科学自我观——

自我

当我在表述自我时，我的表述活动本身呈现在时间之中，这时的我就是一个在表述自己活动的我，也就是"我认为（我是 X）"中的"我认为"的这个我。自我意识则是对这种自我表述活动的意识，"我意识到我认为（我是 X）"。我对自我的表述、与我之意识到我对自我的表述，不是两个同时发生或伴随发生的事件，而是不同时的事件，每个判断都在不同的微小时间点上发生。"我认为"在先，对"我认为"的"我意识到"在后。否则，你无法把这个意识活动定位在时空中。那凡是不能定位在时空中的，就不能被严肃的思考接受。你不能任凭任何想象的可能性（意识内容及对此活动的意识是同时发生的）牵着你的思路神游。

意识到我在表述自己，这是自我意识。自我意识是一个可以调用其他概念程序的自由程序，它本身并没有内容，而是聚集关于我的各种内容。自我这个概念是单纯概念性的，像金山，还是就像我的心理和生理属性一样具有实在性？任何心智程序都可以是一种实在，所谓实在，就是受到其他要素约束的可观察或可计算的东西。自我也是一种实在。首先，自我这个概念程序，依赖于一个神经系统，也就受它的约束。由于人脑的神经系

打破自我的标签

统是分立的，自我就以这个神经系统的信息编码范围为界，它对这个神经系统里的概念或非概念的内容进行编码，把它们变成概念的一部分。其次，自我是一个虚拟机器，装在人脑的各种意识内容之上，这些意识内容作为心理程序，在某个层次上组合起来，从而为新层次的程序，即自我意识，打开了空间。自我意识本身没有内容（程序本身没有内容），这个概念程序所意识到的东西，才是它的内容（该程序的执行对象或调用内容）。没有这些内容，自我意识就是空的。再者，没有语言，你无法表述出自我概念。最后，没有社会上其他自我的存在，你也无法将自己的自我与其他自我对举。所以，自我意识是在社会关系的语境中，通过语言来强化，调用意识内容的概念管理程序。

自我是在多个自我的语境中获得其自身定位的。按黑格尔的看法，自我以其他自我为条件，自我意识以另外一个自我意识为条件，按维特根斯坦的看法，自我是在使用中获得意义的。按我们这里多层设计的演化工程视野，自我是被各层社会关系来设计的；你不是你自己的自我的唯一作者，甚至不是主要作者（再次提醒，不要害怕，你不是你的胃的制造者，但你依然吃得很好）。社会关系参与得越多，自我内容就越丰富。从小的社会关系提供的信息输入越充分，自我越会从各个角度被定位，这样，自我意识的内容会更丰富，这样的人却不一定更自我，只顾自己。相反，从小生活环境单调的人，内心里只有自己个人的偏好和冲动，对他人的心理需求和情绪反应，缺乏同感和共鸣。这是说，自我意识的内容是可大可小的，其大小由训练它的社交关系的环境决定。

语言是自我的表达载体，没有语言，自我意识无处寄托。幼儿在没有掌握语言之前，无法以我来表述自己需要，而是以自己的名字来表示。语

第六章
— 科学自我观 —

言文字掌握得好，表述自我的能力就强。其他条件相等，语文好的人，自我意识强于语文不好的，情商则比后者低。

特定的基因会损害语言表达和社会交往的能力。自闭症和艾斯伯格综合征的孩子在读心（mind-reading）和接纳他我方面有困难，在语言习得上也有困难，他们的自我概念的习得和训练都会比正常儿童晚。他们会更多地受到自己的某个心理冲动或倾向推动，无法在构造自己的各种属性之间做出恰当的选择，他们的自我概念是无力的、虚弱的。为什么？因为个人心理冲动的边界是在与他人游戏、玩耍、博弈中习得的。由于在读取他心上存在困难，他们无法与其他人有效协同、共振，只顾执行自己的冲动，不知节制，因此就难以管理自己的冲动。不能指望，孩子靠个人理性和内部指令来管理自己的冲动。除了生理损耗，管理内心欲求的主要工具来自游戏、社交。但读心困难的孩子是拙劣的自我博弈者。脑损伤的人，也会有同样的问题，有的有多个自我，有的只有破碎的自我，好比1/3自我，他认为自我分裂了，无法很好地组织起自己的各个冲动。

此外，还需要自己主动训练。自我概念特别强的人，会频繁生成自己的心理内容，并反复表达、修改、调用这些内容，吾日三省吾身。他们在与他人共振方面的阈值极高，轻易不共振，共振必全力投入。

由此可见，自我意识强不强，既与先天基因倾向有关，推理思维多于情绪共振的人，自我意识更强，也与后天训练有关，反复通过语言文字、社交关系、自我反省来训练的人，自我的内容会更丰富。稳定的自我就是在这样的多层设计的过程中逐渐获得的。没有一个内部自我在控制自我的一切，同样，也没有一个单独的外部环境在控制。稳定的自我是在一系列稳定的环境中形成的。对人的自我来说，这个环境主要是一层层的人际环境，从玩伴，到同辈，到同事，再到大范围的陌生人社会。基本的原理是自我是多层设计的，其中每个层次的自我都是反复训练、深度练习、时间积累的结果，只有这样，才能对抗随机的破坏力量。

俗谚云，三岁看小，七岁看老。这是说个人的天性在童年期就会表现出来，深刻影响你的自我。在关于自我的天生性格的描述中，我认为最重要的是系统推理与情绪共振的差异（参考 Simon Baron-Cohen, *The Essential Difference*）。系统推理是指不仅把事、物，而且把人都放在一个输入－输出的系统中来考察，人的情绪和感受也是自己实现目标的一个变量，以此撬动更多的环节。情绪共振则不仅对人，而且对事、对物也以情绪协同，好比人我同一、物我同一，见花落泪，见雨生情，见人同喜同悲。三岁前，婴幼儿与他人的眼神接触越多，则共情的倾向越明显；越是专注于自己的玩具，几个小时都不理会人，则推理的倾向越明显。在与小朋友的玩耍游戏中，孩子已经被赋予各种角色。共情者更擅长在一起过家家，这是小孩对大人的角色扮演。系统推理者更喜欢在一起玩刀枪与小火车。小时候喜欢的伙伴，都在帮助你强化你的天生性格，让你在基因指引的倾向上走得更远，他们帮助你适应、练习你的天生性格，让你可以熟练地运用它，了解它的作用、它的边界、它的好坏。没有他们，你怎么知道到什么情况下该收手呢？什么情况下该继续呢？人要在他人的协同下才能确认自己的行动程序是可重复的。你发出的行动，开始可能有各种行走方向的，在他人的赞许、反对、同步、异议的过程中，你的行为走了一个确定的方向。玩伴就是你的教练，好比滑雪教练纠正、赞许你的滑雪动作一样；从玩伴的角度来说，你也是该玩伴的教练。这个方向的行为在反复玩耍的游戏中确定下来，成为稳定的行为进程，变成你自己常规行为的一部分，多个这样

第六章
— 科学自我观 —

的常规行为集合，就是你的自我的一部分。在他人面前的公开行动，帮助确定特定行动的进程；如果只有自己一个人，行动如何完成？对待他人的行动随机散漫，就无法重复，不反复玩耍、深度练习，就无法稳定。所以，玩伴也是你的自我的作者，是多重设计者之一。从那以后，这种性格就会一直伴随着你，从七岁到七十岁。

儿童时的玩伴我们多数都忘记了。但青春期时的伙伴还能记得一些。他们接力对你的自我进行再加工。在中小学教育活动中，我们会遇到来自不同家庭的同辈，学校里的规则与家里的规则是不同的。学校是一个小社会，是青少年进入真实社会的彩排。青春期到来时，人的生理和心理都会发生变化。如何面对这些变化？同辈交流会确认这些变化是正常的，然后，大家试图去使用它们来吸引异性的关注，并在同性竞争中运用它们。没有异性的反对、异议、容忍、赞许、协同，你怎么知道如何应用你的生理心理新程序呢？你对异性的做法，是同性共有的特征与你这个个体的异性遭遇和经历协作完成的，并且只有在足够多的接触、交往，也就是在反复练习中，才能稳定下来。有些人对待异性的做法飘忽，这只是因为他从前的接触和训练不够。对待密友、同党、好友的做法，也是在这样的互动中经过长时间的积累中练习出来的，不是随机和冲动的单纯产物。在择偶和择友的过程中，会形成人的第二重自我，即在后天经历中固定的自我。天性相同的人，在不同的成长经历下，会发展出相当不同的社交策略。学校朋友多，关系友好，系统推理的人也会更愿意参与活动，一起完成项目，组织能力会被锻炼出来。学校朋友少，关系消极，共情者也会对社会充满悲观。

同龄人会迅速形成强大的身份认同，认为自己与他们属于同一类人。青少年把家里父母的做法和习惯复制到学校，在摸索、冲突和协作中，抽取一个社会平均值,作为他们共同的人际规则和身份认同。口音、穿着、偶像崇拜,是这种同辈认同的外部表达(参考茱蒂·哈里斯的伟大著作,《教养的迷思》,她提出,青少年是在同辈关系中社会化的)。青少年不能离群索居、脱离同学、天天做题,一旦脱离,他们在成长环境中会欠缺足够的社会信息输入,以后迈入社会将过于小心、封闭,即使善于完成目标,也会因为无法感受目标的社会意义、无法进行社会认同,从而对人生失望,失去动力。

最难掌握的规则不是数学、逻辑,而是社交关系中的默会知识。在同一个地方长大的孩子,对一代人、上代人的社会规范都有清楚的意识,对下一代人则没有,他们在下一代人成长起来后,通常会说自己老了。老,是对上一代的定义和隔离,自己这一代也成了下一代眼中的上一代,差异带来社会认同的标签识别。当你成年后踏入陌生的国外社会时,最难的不是你的学习,而是走在街上、在聚会里、在各种公共场合,如何与人打交道。由于默会规范的习得非常琐碎、困难(你在青春期花了六七年练习才掌握了自己群体的那一套),几乎任何民族的人,到了外国,都还是与自己民族的人在一起玩。如果同一个民族的人很多,则来自同一个地区的会更多地聚在一起。所谓结交新朋友,融入对方社会,基本上是反人性的,某种程度上也是族群地位低下的自卑表现。

青春期结束以后,青少年踏入社会或进入大学。大学不只是社会关系的练习场,它就是社会。在社会环境中,自我的博弈变得更加复杂了。实力、魅力、权力、暴力的因素引入进来了。幼时玩伴,只是喜欢在一起玩,兴趣相投;青少年同辈,形成一代人的身份认同,并在团体中获得自己特殊的角色;成年社会关系,则不是基于性格、兴趣、身份、角色,而是基于

第六章
— 科学自我观 —

规则、分工。魅力来了，你无法阻挡，你会受影响，有时做出不利于自己的决定。实力比你强的，你只能服从，不是中学同学那种能力互补、众生平等的作风，而是服从，你按照对方说的做。有权力的，会决定你的薪水，也规定你的行为哪些合乎规则、哪些不是。规则当然是大家协作定的，但权力编写了其中的大部分内容。暴力对人的强制就更大了，国家机器、警察、工商、税务，都不是闹着好玩的。儿童和中学时期，这些或强或弱的强制因素一般不会在游戏和交友中出现。但在社会中，它们一起向你袭来。不管你喜不喜欢，你都要去做。因为你无法改变社会，社会是无数人互动的结果，你要改变社会，就是要改变整个社会的所有人的性格倾向和成长经历，这根本做不到。在社会中，实力说话、魅力决定、权力说话、暴力规定；你的天性、喜好、同辈群体认同，常常被丢到一边。你必须接受新的博弈。你必须参与新的玩法，而且还要反复练习，才能形成自我的社会标签、名声、地位、阶层。这样就形成人的第三重自我。

社会中的多个自我博弈的一个特点是，你在做，人在看，而且不仅当事人在看，旁观者也在看。你是在别人的社会化眼光里行动。别人的欣赏、评论都会影响你的行为，眼神、表情、动作，都是对你的评分。不管你对此有无意识，博弈及其结果就是这样发生着（唐·罗斯，《经济学理论与认知科学》，第七章，自我及其博弈）。你的稳定名声就是这些人对你评分的社会平均值。建立一个可靠的名声，对你成年后的事业极其重要。这个稳定的自我，来自反复的博弈积累。你的这个新社会自我会体现在你的着装、举止、朋友圈、微博、微信、口碑、报道中。你不是你自己的唯一作者，他人都是你的自我的作者。没有他们与你互动，你怎么知道什么样的做法可以有效，因此可以重复、借鉴、反复练习呢？没有反复练习，你就不会有新的社会自我。进入社会后，你就是要重新学习游戏规则，你要用一系列的行动和事件，树立起你的新形象。这需要时间积累，不可能一两年就完事。中学你确定自己的角色用了几年？至少 3~5 年。到了工作中，你要确定自己的新自我，也至少需要这么久。你不能冲出去对大家吼一声，我是这样的，于是大家就认了，就接受了，就跟这样的一个你开始玩这个社会游戏了。你没有这种权力。你没有这种控制力。你要充分接纳你的上下级同事、客户、合作伙伴等人对你的评价。这个评价的公约数是非常客观的，这就是你。

如果你不接受这种别人眼中的你，但又想单凭自己设想和认可的你来参与社会互动，这就相当于你想不费力气地控制这个你参与的新社会游戏，还得到你想要的，换句话说，你想不劳而获。如果你一开始投入社会游戏，工作了几天、几个月，就认为自己可以领导大家，主持大局，控制部门或企业的方向，这就相当于，一个学徒学了两天滑雪，就觉得自己可以教教练滑雪。这种一蹴而就、贪多务得、急于求成的偷懒心理，是价值观不正确，也是见识太少。社会就是这么麻烦，要费时费力、深度练习，才能获得新的社会自我身份。

他人是地狱吗？你不能因为他人可以对你做出不利评价，就说他人是地狱。事实是，没有他人与你互动，你的新社会自我也无法形成。没有这一层新的设计者，你就会直接反演到你的青少年状态，依然伤感或依然豪气。他人不是地狱，他人是你有新自我的基本条件。没有他人作为脚手架，你根本搭建不了你的新自我。你会困在青春期里，too simple, too young。都上了大学、都踏入社会了，还在感叹社会上的关系真累，高中同学的友谊最真。你都进入新博弈了，都要开始新玩法了，却还企图用过去的玩法出牌。

第六章
—科学自我观—

　　社会还是好人多吗？如果你很傻，在陌生人社会关系上是菜鸟，对待社会人跟对待你高中同学一样，别人情绪一挑拨，你就共鸣之，你就会被利用、榨汁，被人卖了还替人数钱。陌生人社会的关系是一种新技能，无论男人、女人，都需要后天刻意练习，才能掌握。女人通常更善于处理人际关系，但这仅仅是对她们的熟人、密友关系而言，对陌生人，她们并不比一般男人厉害多少。共情在谈判、投标、投融资中不一定有用，甚至往往有害。认为对方很像自己以前的同学或好友，更是灾难的开始。角色变了，策略就得变。

　　在多个自我的社会博弈中，不仅只有他人主观评价在塑造你，外部客观因素也在影响你，包括打扮、工作环境、规章制度。在家靠父母，出门靠长相。长相是广义的，打扮、修饰、着装有重要作用。在社会上，女人素面朝天出门，是不想好好玩社会游戏的体现，男人不修边幅、头皮屑乱飞，是自取其辱的开始。人要衣装，马靠鞍装。穿着蓝色工服，你就要在流水线上工作，做公司流程的螺丝钉，一丝不苟，服从指令；衣服本身就在提示你如何做。工作环境特征也会约束人的行为。在CBD、在金融街，你要西装革履，待人接物，客客气气；在中关村，你可以T恤牛仔、短裤拖鞋，干完活就走人。进入特定的工作环境，你就要有特定的行为。在高层写字楼里，你的衣着不对，就会感到浑身不舒服。

　　公司晨会、定期会议、管理条例等，也是稳定的信号，约束你的行为，它们也是你的社会自我的作者。工作的规则可以训练你，在社会舞台上成为一个可靠的人。你拿着公司给你的名片，一个大公司的高级职位，这本身就证明了很多事，包括你的教育水平、职业水准、公司内部协作能力，等等。你的客户和社交对象，没有那么多时间来跟踪你的过去，但借助你的名片，

打破自我的标签

极大地降低了信息收集和能力鉴别的成本。人类喜欢交换名片；你的长期教育和职业经历就浓缩在一张名片中，你的性格特征和职业素质就委托在一张名片中。名片不能精确地代表你的全部，但它是陌生人了解你的捷径，而且基本可靠。好名片、好头衔，容易吗？都是深度练习、3~5年积累的结果。如果你不在公司办公，而是自由职业者，自由是自由了，没有堵车，没有朝九晚五，但是否这样就一定很好呢？如果你还继续保持很多社会联系，有各种圈子，社会上有很多人知道你，这也还好。但如果你只是在家待着，写写东西，玩玩微博，那就惨了。没有多少人知道你。没有人知道你在网上是不是一条狗。你不接受工作环境的约束，你也就难以得到正常工作带来的社会地位。

不要觉得工作规则很烦琐。没有它们，一群陌生人在一起，如何协调彼此的行为？要快速收敛到一个稳定的合作格局，就需要规则来给各人迅速定型，为此就必须牺牲个人特色，让每个人都习得一种新的行为规则。有人觉得自己在工作中是戴着面具生活，觉得不自由。傻得很！没有这些"面具"，你甚至都无法进入社会游戏，大家也无法开始游戏。面具是一种新博弈策略，让你可以好好地玩这个新游戏。面具不是欺骗，而是塑形，着装、行为、做事风格，都能在工作中被重新塑造。同事们把工作规则作为共同的收敛点，好比一个想象的焦点，它诱导原本陌生的群体成员，快速达成合作。如果达成规则比较费力，人们有时甚至用责骂、怒吼来提供合作的推动力。语言暴力是一致行动的快捷键。

互联网让一些人摆脱了工作场所的约束，这的确带来了更多自由。但是，如果依托互联网和移动互联网工作的自由职业者，没有在社会层面建立一个稳定的交际圈，那么，过不了几年，他除了网络来往、同学圈、家人，

第六章
— 科学自我观 —

就不剩下什么了,他的生活会过于单调。在工作的陌生人环境中,培养一些新的熟人和伙伴,这是一级级往上成长的重要支撑。

如果要通过互联网来建立个人标签,也需要与粉丝频繁互动,共同塑造你的新自我。建立稳定的微博发布习惯,这样才能塑造出一个网络自我。只有零星的、感想的发布,内容过于随机,且与他人缺乏可靠和稳定的联系,你就只有一个昵称,没有网络自我的标签。过于自由,往往散漫;散漫是不会形成自我的。建立一个互联网的好名声容易吗?不容易。秩序只有在对抗随机和增熵的持续行动进程中才能保持。你需要密集的、有规律的发布,这样让别人对你有稳定的行为预期,别人才会对你贴出一个标签,以此来标记你。你只发布一次,谁能记住你?你对自己的社会自我的自我看法,必须要在别人对此也确认的情况下,才给予了概念定型。社会自我是在社会化的使用中获得意义的,或者更准确地说,是深度练习社会交往的产物,是社会互动的时间积累的果实。

在更广阔的社会关系中,我们还受到文化传统和意识形态的影响。即使你没有读过《论语》《孟子》,中国人的心性、仁义、礼仪的观念也已经通过日常语言传递给了你,你的家庭观、自我观,都深受其影响,更准确地说,它们装配了你。从小听到的、看到的亲人朋友对一些人和事的评价,构造了你的价值观。它们就是你大脑居民的一部分,你不会也不必检查它们,它们给了你划分和评价社会的心智工具。这些工具可能在工业社会不称手,但如果没有它们,如果你从来没有接受这些关于社会和他人的评论,你甚至都不可能有社会观念。还记得,你不必理解胃肠如何工作,它们装配在你身上,通常都能正常工作。观念也是如此。观念通过口语和书面语进入你的头脑,装配了你,让你有可能参与社会游戏,它们首先并不是要限制你（enable vs constrain）。如果没有这些观念，你到了一堆人中间，如何开始说话呢？如果一开始没有任何观点输入，你的大脑根本就是空空荡荡。你不可能靠自己搜索出社会文化的所有设计。你不是文化的中央设计者。大江南北，过节过日子，大家说的都是很相似的话，这是巨大的节约，它让陌生人合作的成本变得非常非常低。文化传统的作用是非常巨大的。意识形态也有同样的效果。当需要一个共同理想来带动群众时，意识形态就开始发挥它的威力。最早是巫术和宗教，然后是知识分子的编织的各种历史和叙事。与文化传统一样，它们不是你和我的敌人，而是让我们参与社会互动的有效工具。没有这些工具，大规模陌生人无法迅速进入合作或不对抗状态。

　　观念装配了你，并不意味着你的大脑是别人观点的跑马场。亲人、朋友、老师、大人的观念首先进场，组织了这些神经回路，传统文化、意识形态、媒体信息，也在不断进场，争夺你的神经回路和概念组合的主导权。它们就是你，或者你的一部分。如果你觉得这些想法不好用了，那是因为，就像肠胃只有在特定的食物输入环境下才能有效工作，这些观念只有在特定的社会游戏环境中才能运作，如果社会变了，原来的观念就会不适应、就会疼。改变观念，仅仅是在这个条件下才是有意义的：当社会游戏环境改变时。不愿改变观念，就会被新的社会游戏环境边缘化。当然，多数人都忙于谋生，无法改变家庭、同辈、社会、文化给自己装配的观念簇，他们以为的个人特有的想法，或者不重要，或者是很多人都有的想法。主导观念的创造者，是罕见的、少有的；观念大调整，就像物种大规模灭绝一样，发生频率都很低。

　　从实力暴力、观念装配的角度来考察社会自我以及多个自我的社会博

第六章
― 科学自我观 ―

弈与合作，这似乎有点灰色。研究者有一些不同的框架。一些人主张人类有天生的合作倾向，1/3 的人具有利他惩罚天性，宁愿牺牲个人利益，也要惩罚那些不守规则的人，以阻止搭便车者破坏规矩，引发风气崩坏（参考 Ernst Fehr 的研究）。也许存在这样的情况，有的人就天生正义感比普通人多一点。但这个力量太软了，而且高度依赖于利他惩罚天性者的实力。也有人提出，对亲人熟人的共情倾向，在社会博弈中，可以为陌生人之间的合作提供基础，人们会在博弈中形成相同的或至少兼容的心理偏好，个人偏好不是命定的，而是在社会博弈中相互塑造的（Skyrms, *Just Playing*, 博弈论与社会契约，第 2 卷，公平博弈）。这个说法将焦点从人性的特殊构成转向了社会博弈，合作的结构更加稳定了。奇怪的很，这种观点与一些实用主义哲学观一致。有人认为，依靠社会个体的互动，可以建立可靠的社会规范，这是规范的社会建构论（Robert Brandom, *Making It Explicit*）。但是，我很担心，在社会博弈和社会建构的观点下，规范如何保持稳定。我的观点更硬一点、更残酷一点。平等公正的博弈不必那么常见，实力在博弈中的权重可能很高。人类在原始时代靠巫术、农业时代以后靠暴力集团制定的强制规则以及知识群体发明的意识形态和媒体宣传，来维持大范围的群内合作。暴力监督的规则可以迅速推行，社会互动会迅速向合作收敛。实力和宣传，一硬一软，保证着规范的效力。一个帝国军事实力衰退，内部规范迅速崩溃，如罗马帝国，一个联盟意识形态改弦更张，内部结构迅速崩溃，如前苏联，都从反面证明了这种观点。我们是要接受一点生活的残酷的。

个人在自我的形成中有什么作用呢？可以做一点观念检查和反省的工作，这些是大脑新皮层发达的产物。按照一种不太主流的大脑三层假说，人脑的信息加工层次反映了演化的历史，小脑是爬行动物大脑，负责运动控制、原始情感；中脑是哺乳动物大脑，负责情绪；大脑，主要是新皮层则是灵长目大脑、人类大脑，负责社会关系和理性推理。人的大脑新皮层是在相对复杂的社会关系中发展起来、专门处理社会关系的社会脑，它对人际关系的逻辑问题进行推理、分析、判断、决策。但这只是让人可以在行动中面对这些社会关系，还不足以在思想上表达它。人类在2000多年前发明逻辑系统之后，古希腊人率先把人类社会政治、道德等话题写成了学术分析。这种新的表达装备，明显比口头故事更有威力。400多年前，伽利略又发明了科学方法，用数理的方法去核查逻辑命题中的概念，要求概念必须有事实基础，要求理论必须结合实际，再次升级了人类的认识系统。在现代科学，尤其是我们这里倡导的演化工程论的框架中，自我本身就是以处理社会关系为主的概念程序。借助各种新的科学发现，我们可以更好地检查自我的发展史、演化史、设计史。我们这里就是把演化的多层设计思想，应用于自我的分析。这样可以至少在思想上超出自己现在身处的特定层次，在见识上看到别的层次，为自己的行动打开可能空间。

　　按照这种多层演化设计的思路，自我必须在有规则的、长时间的积累中，与他人一层层互动形成。不要企图一个人控制自己的新自我，你不是自己的唯一作者。只是因为他人与你互动和连接的效果在你这边的分布更密集，才说这是属于你的。你是大家的你，你绝不会孤立地存在于世。说自己就是这种性格、就是这种选择，不愿改变，那就是向新的自我、向试图与你做出新互动的人，关闭了大门。这种封闭有时是好的，有时是不好的。你的幼年性格、同辈群体认同、社会角色，都是在社会的互动中形成的。你的各个层次的自我向各个层次的社会关系圈开放、对流、连接。

第六章
― 科学自我观 ―

没有一个人完整地控制你，也许有人在一个层次能更大程度地影响你，但在其他层次上则不能。控制你的是多层社会结构，上不封顶（概念和文化的端口非常开放），下不探底（神经回路、神经兴奋也会受到下一层的化学状态影响）。由于没有一个人、也没有一个政党，可以全盘模拟这个多层控制结构，所以，你不必担心你被全盘控制。没有一个 matrix 在控制你；如果有，整个成长史、社会史、演化史就是这样的 matrix。你没有什么可害怕的，没有人可以找出这个 matrix 的全部程序。

你自己也无法完全控制你的各层自我。你是分层自我的一个组合体，但你无法描述一个完全纯粹的自己。不存在这样的单纯的自己。纯粹自我，只在你的概念中存在，这个概念也只是调用其他关于你的具体自我概念的一个程序而已，也就是说，它在语言概念的环境中获得自己的实在。这个概念的自我，不是你的社会自我这个层次的，更不是你的生物、生理自我这个层次的，而是在若干具体自我的概念的一个聚集概念。不要试图完全改变自己，这种想法假设有一个中央设计者、整体全层次控制者，它设计了你的一切。找出这个设计者，等于找出你的所有成长史，进而追溯到你的基因史、人类史、生物史。当你试图找出一个纯粹的自我作为终极答案时，你被自己的概念自我诱骗了。你以为概念自我可以像生理自我一样定义，但它们是不同层次的概念。

通常被认为属于个人的言谈举止、气质修养，多数也是环境设计的产物。家庭环境、成长经历、读书阅世，起了主要作用。这些个人特色不完全，甚至主要不是你自己创造的。例如，一些出身穷苦的孩子，由于匮乏，所以对小的好处，抓住不放，对大的方向、利益的跨时空交换，则很少思考。长远思考的能力不足是因为当前的匮乏要求短期需求即时得到满足。没有温饱和小康，很难开始思考格局和视野。达到之后不思考，也不会有。这些行为不是个人的错，只是出身的效果聚集在你身上，你得承受这种结果。

学习好的，往往心高气傲，所谓的学校优秀生，往往是自己做题行，一分努力一分收获，到了社会，也通过自己强大的大脑新皮层把自己的工作安排得很好，但是，缺少战略、缺少梦想，对有梦想的，用概率去嘲笑，对讲战略的，觉得都是瞎扯。玩的都是高智商，过了十年，却发现自己还在为别人打工。为什么？他们善于在已知和给定条件下解题，而不善于自己给自己出题。梦想这种字眼，早被抛到非理性领域，忘记了。但梦想才能团结人、鼓舞人，只靠个人智力，能完成的事有限，如果还因此形成优越感，那就要自绝于人民群众了。

部分城里长大的孩子，对于社会地位差距从小感受，多数已经失去挑战和改变的雄心，从青春期开始，就以各种名牌、名衔，常常借父母之威，反复确认自己的社会地位，尤其在地位比自己低的同龄人面前表现。但他们的生活只是在重复自己的父辈，并没有更上一层楼。看起来能讲能说，但仅以自己的中等社会阶层没被挑战为限。

一些知识家庭出身的人，气质好，不惹事，性格温和，对人不温不火，对名人瞧不上，对辛苦奋斗的普通人也不怎么搭理。他们的清高，凸显了自己的气质，也让他们无缘于很多巨大的社会机会。他们不会社会互动，也就无法理解普通人的需求，不会为这些人服务，也不会参与为这些人服务的企业。

无论哪种出身，读书阅世都会改变、提升气质。书读得多，伟大人物、伟大理想的事情常常聚集在你的心头；见识得多，社会风流、工业壮观、城市景观，常常激动人的心灵。这些都会反映在你待人接物的言谈举止上，

第六章
— 科学自我观 —

就是你的气质。气质是多层设计的结果,气质是深度练习的产物,不必要你知情同意,你的信息环境可能无意之中已经开始塑造你,气质只是把环境塑造的效果聚集在你身上。

所以,一个稳定的自我是如何形成的?它需要一层层稳定的社会环境,作用于对自我的意识内容,这些信息环境牵引和塑造这些意识内容,让它们在相对合理的一段时期内保持一致,这些一致的内容就被自我概念调用过来,作为自我认同和自我形象的主要内容。当你反思自己时,你看到的就是这些。你对自我的认识,就是这些对自我的社会演化历程的认识,你把这些认识聚集在自我概念周围。除此之外,别无自我。

未经许可，不得以任何方式复制或抄袭本书之部分或全部内容
版权所有，侵权必究

图书在版编目（CIP）数据

打破自我的标签 / 陈虎平著 .—北京：电子工业出版社，2016.1
ISBN 978-7-121-27548-7

Ⅰ.①打… Ⅱ.①陈… Ⅲ.①成功心理-通俗读物 Ⅳ.①B848.4-49

中国版本图书馆CIP数据核字（2015）第268112号

书　　　名：打破自我的标签
作　　　者：陈虎平
策 划 编 辑：李　欣
责 任 编 辑：刘声峰　　文字编辑：李　欣　　特约编辑：徐学锋　韩奇桅
印　　　刷：三河市鑫金马印装有限公司
装　　　订：三河市鑫金马印装有限公司
出版发行：电子工业出版社
　　　　　北京市海淀区万寿路173信箱　邮编：100036
开　　　本：720×1000　1/16　印张：19.75　字数：240
版　　　次：2016年1月第1版
印　　　次：2022年1月第10次印刷
定　　　价：55.00元

凡所购买电子工业出版社图书有缺损问题，请向购买书店调换。若书店售缺，请与本社发行部联系，联系及邮购电话：（010）88254888。

质量投诉请发邮件至 zlts@phei.com.cn，盗版侵权举报请发邮件至 dbqq@phei.com.cn。

服务热线：（010）88258888。